C程序设计与应用

翟 震 主编

刘 冰 赵建彬 副主编

清华大学出版社

北京

内 容 简 介

本书从初学者角度出发,针对非计算机类专业的学生,采用通俗易懂的语言、简单有趣的实例,详细地介绍了使用 C 语言进行程序开发的最基本知识和常用案例。全书共 14 章,包括 C 程序设计概述、顺序结构、分支结构、循环结构、数组、函数、位运算、指针、文件、图形设计、Visual C++ 6.0 程序设计、Keil C51 程序设计、MySpringC 程序设计和 C 语言编译器手机版。各类例题均给出了解题思路和流程图,并详细介绍了各自的软件平台及具体编程方法。读者能够轻松领会 C 语言程序设计的精髓,快速开发高质量的代码,提高工程开发技能。

本书由浅入深、涵盖面广、注重实践,既可作为高等学校非计算机专业"C 程序设计"课程的教材,又可作为工程技术人员进行软件开发的自学参考书。

图书在版编目(CIP)数据

C 程序设计与应用 / 翟震主编. -- 北京:清华大学出版社,2025.1.
ISBN 978-7-302-67954-7

Ⅰ. TP312.8

中国国家版本馆 CIP 数据核字第 20259MK075 号

责任编辑:汪汉友
封面设计:何凤霞
责任校对:郝美丽
责任印制:沈 露

出版发行:清华大学出版社
    网 址:https://www.tup.com.cn,https://www.wqxuetang.com
    地 址:北京清华大学学研大厦 A 座   邮 编:100084
    社 总 机:010-83470000   邮 购:010-62786544
    投稿与读者服务:010-62776969,c-service@tup.tsinghua.edu.cn
    质量反馈:010-62772015,zhiliang@tup.tsinghua.edu.cn
    课件下载:https://www.tup.com.cn,010-83470236
印 装 者:河北鹏润印刷有限公司
经 销:全国新华书店
开 本:185mm×260mm 印 张:16.25   字 数:394 千字
版 次:2025 年 2 月第 1 版   印 次:2025 年 2 月第 1 次印刷
定 价:49.50 元

产品编号:105299-01

前　　言

C语言是出现较早的程序设计语言，自1972年诞生以来，开启了计算机编程的新篇章。它因其简洁、高效、接近硬件，迅速风靡全球，逐渐成为计算机编程的主流语言。C语言具有跨平台的特性，可在各种不同的硬件和操作系统上用相同的代码进行开发。

C语言是一种层次清晰的结构化语言，可对程序进行模块化编写，程序调试方便，有助于计算思维能力的训练。C语言有强大的处理和表现能力，依靠丰富的运算符和多样的数据类型，可轻易地完成各种数据结构的构建，更可通过指针类型对内存直接寻址，直接操作硬件，因此既可用于开发系统程序，又可用于开发应用软件。

目前，C语言在智能时代的计算机科学领域仍然占有重要地位。虽然新的编程语言层出不穷，但是C语言凭借其高效、灵活和跨平台的特性，仍然在系统级编程、嵌入式系统、操作系统和游戏开发等领域中发挥着重要作用。

未来，随着科技的不断发展和进步，无论是在人工智能、机器学习等新兴领域，还是在系统级编程和嵌入式系统等传统领域，C语言都将继续发挥重要作用。

本书以编程思想和创新能力培养为宗旨，以问题为导向，在应用实际场景中启发学生学会发现问题、提出需求、设计方案，进而实现独立编程的技能，在解决问题的过程中举一反三，形成计算思维、工程思维习惯。全书激发学生兴趣，引领学生创新思考，以培养学生的编程能力、计算思维和创新思维。

本书从初学者角度出发，结合当前C语言的各类应用场景，针对非计算机类专业的学生，摒弃了烦琐、晦涩的语法和数据结构，采用通俗易懂的语言、简单有趣的实例，详细地介绍了使用C语言进行程序开发的最基本知识和常见案例。全书分为两部分共14章，第1章到第9章是第一部分，以C语言的基本知识为主，介绍了C程序设计概述、顺序结构、分支结构、循环结构、数组、函数、位运算、指针和文件，各类例题均给出解题思路和流程图，并给出前10章习题的参考答案。第10章到第14章是第二部分，列举了图形设计、Visual C++ 6.0程序设计、Keil C51程序设计、MySpringC程序设计和C语言编译器手机版等在不同开发平台下使用C程序进行软件开发的各类案例，详细介绍了各自的软件平台及具体编程方法，使C语言的学习摆脱了缺乏实际应用的现状，让读者体验用所学的基本的C语言去开发实际应用程序，同时也更好地在案例学习中掌握各类软件的使用方法，巩固所学知识，提升软件开发技能。

本书第2章和第3章由赵建彬编写，第4章至第7章和附录由刘冰编写，第1章、第8章至第14章和习题部分由翟震编写。

因编者水平有限，书中不足之处在所难免，恳请读者批评指正。

编　者

2024年12月

学习资源

目　录

第一部分　基　础　篇

第二部分　应　用　篇

附　　录

第一部分 基 础 篇

第1章 C程序设计概述

随着信息技术的快速发展,人工智能和大数据技术可以为人们提供更精确的信息和更智能化的决策支持,使各种设备和系统能够自主、智能地完成预期任务。这些智能化技术不仅提高了生产效率,也极大地提高了人们的生活质量。例如,智能家居系统可以通过学习用户的生活习惯,自动调节家庭环境;自动驾驶汽车可以实时感知周围环境,保证行车安全;门禁系统能快速有效地进行身份验证。要实现以上的功能,除了必要的硬件设施,最重要的就是软件系统。近年来,在计算机软件开发领域,C程序设计的思想已经被越来越多的软件设计人员所接受,由于这种新的思想更接近人的思维活动,因此人们利用这种思想进行程序设计时,可以很大程度地提高编程能力,减少软件维护的开销。掌握了C程序的基本设计方法,学习使用Python、PHP、Java等计算机语言将十分容易。

1-0.mp4

1.1 C语言的发展历史

计算机语言是随着计算机技术的发展而不断更新和改进的,C语言也是如此。

1.1.1 计算机程序

程序是以某种语言为工具编写的指令序列,表达了人类为了实现某种目标而采取的执行步骤,是有目的、预先设计好的动作序列,例如检测程序、报到流程、解题程序等。

计算机程序是用计算机程序设计语言所要求的规范书写出来的一系列指令,它表达了要求计算机按程序员需求执行的具体操作过程,能够使计算机按照特定要求运行,并得到正确的结果。在计算机中,程序以文件的形式保存,包括源文件、源程序和源代码。

1.1.2 程序语言的发展

1. 机器语言

机器语言属于第一代计算机语言,是用二进制代码表示的计算机能直接识别和执行的一种机器指令的集合。它是计算机的设计者通过计算机的硬件结构赋予计算机的操作功能。机器语言具有灵活、直接执行和速度快等特点。计算机的类别不同,相应的机器语言也互不相通。通常情况下,按一种计算机的机器指令编制的程序,不能在另一种计算机上执行。

一条指令就是机器语言编写的一条语句,是一组有意义的二进制代码。指令中包括操作码字段和地址码字段,操作码指明了指令的操作性质及功能,地址码给出了操作数或操作数的地址。

在用机器语言编写程序前,编程人员要熟记所用计算机的全部指令代码和对应的含义。编写程序时,程序员需要自己处理每条指令和每个数据的存储分配和输入输出,还需要记住编程过程中每步所用工作单元的状态,这是一件十分烦琐的工作。编写程序花费的时间往往是实际运行时间的几十倍或几百倍,编出的程序代码完全由"0"和"1"组成,直观性差、容易出错。

2. 汇编语言

汇编语言是第二代计算机语言,它用一些容易理解和记忆的单词缩写表示一些特定的指令,例如,用 ADD 代表加法操作指令,SUB 代表减法操作指令,INC 代表增加 1,DEC 代表减去 1,MOV 代表变量传递,等等。通过这种方法,可更容易地阅读已经完成的程序,理解程序正在执行的功能,使程序的错误修复以及运营维护变得更加简单方便。计算机的硬件不认识字母符号,因此需要一个专门的程序把这些字符变成计算机能够识别的二进制数或机器语言。因为汇编语言只是将机器语言做了简单的编译,并没有从根本上解决机器语言的特定性,所以汇编语言和机器自身的编程环境密切相关,程序的推广和移植有一定难度。尽管如此,汇编语言还是保持了机器语言执行效率高的优点,又因其更好的可阅读性和简便性,使其至今依然是常用的编程语言之一,常被用于底层的硬件操作和对程序优化要求较高的场合,例如驱动程序、嵌入式操作系统和实时运行程序等。

3. 高级语言

在机器语言、汇编语言出现之后,人们发现了可移植性的重要性,因此需要设计一个不依赖计算机硬件就能在不同计算机上运行的程序,以免去很多编程的重复过程,提高效率。此外,这种语言还要接近数学语言或人的自然语言。为了更高效地使用计算机,人们设计出了高级编程语言,即第三代计算机语言,以满足人们对于高效、简洁的编程语言的追求。

用高级编程语言编写的程序需要翻译成机器能识别的二进制代码才能由计算机去执行。虽然高级编程语言编写的程序因翻译代码需要一些时间而降低了计算机的执行效率,但是实践证明,高级编程语言为工程师带来的便利远远大于降低的执行效率。随着计算机运行速度的大幅度提高,这一优点更加突出。经过软件工程师和专家的不懈努力,一种完全意义上的高级编程语言 Fortran 于 1954 年问世了。它完全脱离了特定机器的局限性,是第一种通用性的编程语言。从第一种编程语言问世至今,共有几百种高级编程语言出现,很多语言成为了编程语言发展道路上的里程碑,影响很大。

现代流行的大多数语言都是命令式语言,也从早期的控制信号变成了现在的有结构、有格式的程序编写工具,例如 Pascal、Cobol、C、C++、Basic、Ada、Java、Python 等。此外,各种脚本语言和微信小程序也被看作此种类型。这种语言的语义基础是模拟"数据存储/数据操作"的图灵机可计算模型,十分符合现代计算机体系结构的自然实现方式。伴随着软件编写效率的提高,软件开发也逐渐变成了有规模、有产业的商业项目。

1.2 C 语言的特点

1969 年,美国贝尔实验室的计算机科学家肯尼斯·蓝·汤普森在丹尼斯·里奇的支持下设计了 B 语言——一种通用的程序设计语言。1971 年,丹尼斯·里奇以 B 语言为基础开发出 C 语言,并因其为 UNIX 操作系统的开发语言而广为人知。为了利于 C 语言的全面推广,许多专家、学者和硬件厂商联合组成了 C 语言标准委员会,并在之后的 1989 年发布了第一个完备的 C 标准——ANSI C。ANSI C 简称 C89,截至 2020 年,最新的 C 语言标准为 2018 年 6 月发布的 C18。

C 语言是一种用途广泛、功能强大、使用灵活的面向对象编程语言,既可用于编写系统软件,也能编写应用软件。自 20 世纪 90 年代至今,C 语言在我国逐渐推广,成为学习和使用人数最多的计算机编程工具。Java、Python、PHP 等其他语言在语法结构上都有 C 语言的影子,大多数理工科专业高校学生都把 C 语言列为高级语言程序设计课程的学习语言,掌握 C 语言成为计算机开发人员的一项基本技能。

C 语言的主要特点如下。

(1) 语言简洁、紧凑,使用方便、灵活。C 语言只有 32 个关键字,程序书写形式自由,主要用小写字母表示,源程序短,录入程序的工作量少,便于调试。

(2) 具备丰富的运算符和数据类型。运算符有 34 种,包括赋值、四则运算和类型转换等类型,数据类型则包括整型、浮点型、字符型、数组类型等,满足基本应用需求。

(3) 控制语句结构化。将分支、循环等语句函数化,便于实现程序的模块化和结构化。

(4) 程序设计自由度大,语法限制不太严格。包括整型数据和字符型数据可以通用、没有换行和缩进要求、源程序是纯文本文件等。

(5) 允许直接访问物理地址,能进行位运算,是编写嵌入式程序的主要语言,能实现对硬件进行操作。

(6) 生成目标代码质量高,程序运行速度快、执行效率高。

1.3 C 语言的开发环境

1. Dev-C++

Dev-C++ 兼容 C89 标准,是一款操作简捷、适于初学者使用的轻量级自由软件。作为一款基于 Windows 的集成开发环境,包括多页面窗口、工程编辑器以及调试器等;其工程编辑器中集合了编辑器、编译器、连接程序和执行程序;语法高亮度显示,可减少编辑错误;此外,还有完善的调试功能。由于其操作简捷,非常适合在教学中供 C/C++ 语言初学者使用,也适合于非商业级普通开发者使用。Dev-C++ 的不足之处在于可视化开发功能较弱、不太适用于开发图形化界面。本教材中的代码可使用 Dev-C++ 作为基本上机运行环境。

2. Microsoft Visual C++ 6.0

Microsoft Visual C++ 6.0 简称 VC 6.0、MS VC、VC++ 或 VC,是美国 Microsoft(微软)公司于 1998 年推出的一款用 C++ 开发 Windows 应用程序的面向对象的可视化集成编程系统。它不但具有程序框架自动生成、灵活方便的类管理、代码编写和界面设计集成交互操作、可开发多种程序等优点,而且通过适当的设置就可使其生成的程序框架支持数据库接口、OLE 2.0、WinSock 网络。随着 Windows 操作系统的不断升级,Microsoft Visual C++ 6.0 需要解决兼容性问题。

3. Keil C51

Keil C51 是 Keil Software 公司出品的一款用于 51 系列单片机 C 语言软件开发的编程系统,包括 C 编译器、宏汇编、连接器、库管理和一个功能强大的仿真调试器等,并通过集成开发环境 μVision 组合在一起,易学易用。其生成的目标代码效率非常高,多数语句生成的汇编代码很紧凑,在开发大型软件时更能体现高级语言的优势。与汇编语言相比,Keil C51 语言在功能、结构性、可读性、可维护性方面有明显的优势,被国内 80% 以上的硬件工程师使用。

4. MySpringC

MySpringC 是一款基于 Android 平台的简化版 C 语言编译器，主要用于科学计算、个人娱乐和个性化的设备控制等场合。使用该编译器可以编写简单的 C 语言程序，并进行编译、运行，查看结果，开发出安卓系统使用的 App。MySpringC 与通用的 C 程序非常类似，程序从 main() 函数开始，支持全局变量和局部变量、各种数据类型和常用的控制流，并且与手机的功能密切结合，可发短信、打电话、控制各种多媒体设备、读传感器数值、访问 GPS 等。用它不仅可以解决科学计算问题，而且可以编写很多简单、实用的程序。

5. C++ 编译器手机版

C++ 编译器手机版是一款精简的移动应用产品，主要为 C 语言初学者提供 C 程序核心的功能，支持基本的 C 语句，界面简洁，可直接从文件管理器中打开代码文件，方便用户浏览查看。使用 C++ 编译器手机版可以实现随时随地在移动设备上对 C++ 程序的编写、编译和运行等，非常方便。

1.4　C 语言的应用领域

1. 系统编程

C 语言可移植性好，性能高，适合用于开发各种系统软件。UNIX 是第一个使用高级语言编写的操作系统，所用的编程语言就是 C 语言，以后的 Microsoft Windows 和 Android 组件也都是用 C 语言编写的。

2. 开发其他编程语言

有些编程语言的编译器或者解释器也是使用 C 语言开发的，例如 Python。此外，还有一些编程语言的库或者模块也支持 C 语言，这使得 C 语言成为了很多其他编程语言的基础。

3. 嵌入式系统

嵌入式系统几乎包括了生活中的所有电器、电子设备，例如计算器、电视机顶盒、手机、数字电视、多媒体播放器、汽车、微波炉、数字照相机、家庭自动化系统、电梯、空调、安全系统、自动售货机、消费电子设备、工业自动化仪表与医疗仪器等。由于 C 语言能够进行位运算，并能快速直接访问硬件地址，因此在嵌入式系统中得到了广泛的应用。

4. 应用程序

C 语言被广泛应用于实现最终的用户应用程序，或者作为某些应用程序的关键模块。例如，Adobe Photoshop、MySQL 的很多组件、机械设计领域的各种 CAM 和 CAD 都在使用 C 语言编写某些关键模块，这些模块对执行效率有着较高要求。

1.5　结构化程序设计

1.5.1　程序设计步骤

1. 需求分析

需求分析就是对于需要解决的问题，与客户进行充分的沟通，分析给定的条件，最后确定应实现的真正的目标，即根据什么条件解决什么问题。

2. 设计算法

按照特定的需求设计出最佳的解题方法和具体步骤。

3. 编写程序

将算法转成计算机程序设计语言,通过上机对源程序进行编辑。

4. 运行调试程序

编译后运行程序。如果程序运行出错,需要检查并排除程序错误;如果程序运行成功,还需要对运行结果进行分析,并根据需求可能对程序再调试运行。

5. 编写程序文档

与其他正式的产品应当提供产品说明书一样,正式提供给用户使用的程序,也必须向用户提供程序说明书。内容应包括程序名称、程序功能、运行环境、程序的装入和启动、需要输入的数据、使用注意事项等。

1.5.2 算法设计

算法是为解决某个问题而采用的方法和步骤,即"做什么"和"如何做"。例如,一个人要去外地开会,可以先选择交通工具为飞机,如果航班因天气不好而取消,则改为选择火车;在行程上,可以选择提前到达或当天到达。这些都必须提前考虑,然后按部就班地执行,在遇到意外时按照预案执行,才能避免产生错乱。

1. 算法的类别

(1) 数值运算。数值运算的目的是求数值解,例如求和、求平方根、矩阵计算等各类数学模型。

(2) 非数值运算。非数值运算主要用于事务管理,例如统计分析、查找排序、人事管理等。

2. 算法的特征

(1) 有穷性。一个算法应包含有限的操作步骤,即次数可以很多,但运行时间必须是有限的。

(2) 确定性。算法的每一个步骤都应当是确定的,不能有多种含义,而且能被有效执行。

(3) 输入和输出。可以没有输入数据,但是至少要有一个输出。

3. N-S 图表示算法

N-S 流程图是按照从上到下的设计原则,将全部算法写在一个矩形框内,在其中还可以包含其他框的一种可视化建模形式。N-S 图功能明确、形象直观、流程清晰,符合结构化程序设计要求。其基本结构如下。

(1) 顺序结构。顺序结构是按照语句先后顺序执行程序,如图 1.1 所示。

(2) 选择结构。在选择结构中,如果条件 P 成立,执行 A,否则执行 B,如图 1.2 所示。

(3) 循环结构。该结构包括两种:当型循环结构是先判断后执行,在条件 P 成立的情况下,反复执行 A 语句,直到条件 P 不成立为止,如图 1.3 所示;直到型循环结构是先执行后判断,在条件 P 不成立的情况下,反复执行 A 语句,直到条件 P 成立为止,如图 1.4 所示。

图 1.1 顺序结构   图 1.2 选择结构   图 1.3 当型循环结构   图 1.4 直到型循环结构

1.6 如何学习 C 程序设计

（1）阅读和理解现有的程序，将教材中的程序输入计算机，了解每个语句和运算符的意义，确保不出现语句或关键字的错误。

（2）注意数字 1 和字母 l、数字 0 和字母 O 的区别，标点（例如括号）必须用半角英文字符。

（3）将已有的程序源代码按照自己的想法进行简单的修改，例如参数、公式等，并熟练掌握相关的语法。

（4）多看多练，通过分析已有的程序可以提高程序的理解能力，学会其他人的编程思想。

（5）将实际问题运用计算思维去解决，即通过问题分解、模块划分、算法设计和代码编写，最后调试程序，实现熟练编写完整程序的能力。

1-1.mp4

1.7 新建简单的 C 程序

安装 Dev-C++ 后，在桌面自动生成一个图标，如图 1.5 所示，双击该图标，可打开 Dev-C++ 界面，如图 1.6 所示。

图 1.5 Dev-C++ 的图标

选中"文件"|"新建"|"源代码"菜单选项，在源程序编辑区中输入程序代码，如图 1.7 所示。

注意：缩进仅是为了更清晰地表示程序的层次结构，书写上无严格要求。

按 F10 键运行程序，并将文件保存成".c"格式的文件，如图 1.8 所示，并立即编译运行，如果程序正确，则在新窗口中显示运行结果，如图 1.9 所示。

注意：程序编辑窗口和运行结果窗口的背景、字体及大小均可根据需要进行调整。在如图 1.9 所示窗口中单击左上角的图标按钮，并选中"属性"选项，弹出如图 1.10 所示的属性对话框。在其中可进行修改。

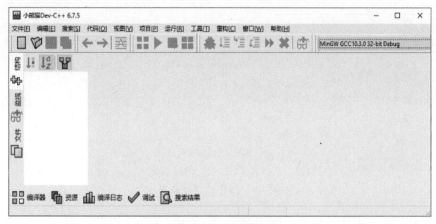

图 1.6　Dev-C++ 的界面

图 1.7　输入程序

图 1.8　程序文件的保存界面

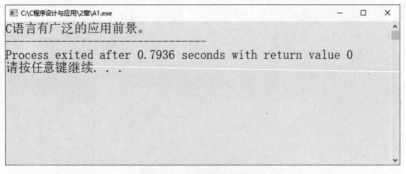

图 1.9　程序的运行结果

图 1.10　属性对话框

本 章 小 结

本章着重介绍了 C 语言的基本情况,主要内容如下。

(1) C 语言的发展历史、特点、开发环境和应用领域。

(2) 结构化程序设计的基本概念。

(3) C 程序是由函数构成的,一个 C 程序包含一个主函数 main( )和若干子函数,程序的执行从主函数 main( )开始,通过调用子函数实现,并在主函数 main( )中结束,一个 C 函数包含函数头和函数体两部分,其中函数体包含数据定义部分和函数执行部分。

（4）在 Dev-C++ 环境下编写、调试 C 程序的过程。

习 题 1

一、单选题

1. 以下关于结构化程序设计的叙述中正确的是（　　）。
   A. 一个结构化程序必须同时由顺序、分支、循环 3 种结构组成
   B. 具有 3 种基本结构的程序只能解决小规模的问题
   C. 在 C 语言中，程序的模块化是利用函数实现的
   D. 结构化程序使用 goto 语句会很便捷

2. C 语言程序能够在不同的操作系统下运行，这说明 C 语言具有很好的（　　）。
   A. 适应性　　　　　B. 移植性　　　　　C. 兼容性　　　　　D. 操作性

3. 一个 C 语言程序是由（　　）组成的。
   A. 主程序　　　　　B. 子程序　　　　　C. 函数　　　　　D. 过程

4. 人们编写的每条 C 语句，经过编译最终都将转换成二进制的机器指令，关于转换以下说法错误的是（　　）。
   A. 一条 C 语句可能会被转换成零条机器指令
   B. 某种类型和格式的 C 语句被转换成机器指令的条数是固定的
   C. 一条 C 语句可能会被转换成多条机器指令
   D. 一条 C 语句对应转换成一条机器指令

5. C 程序的源文件扩展名即后缀是（　　）。
   A. py　　　　　B. c　　　　　C. cpp　　　　　D. bas

6. 以下叙述中正确的是（　　）。
   A. C 程序中注释部分可以出现在程序中任意合适的地方
   B. "{"和"}"只能作为函数体的定界符
   C. 构成 C 程序的基本单位是函数，所有函数名都可以由用户命名
   D. ";"是 C 语句之间的分隔符，不是语句的一部分

7. 算法可以没有（　　）。
   A. 输入　　　　　B. 输出　　　　　C. 输入和输出

二、简答题

1. 查阅文献资料，了解 C 语言的发展过程，ANSI C 是如何形成的。

2. 使用 Dev-C++ 集成开发工具，自己动手将其安装到计算机中，通过"工具"|"编辑器"选项，设置编辑器字体大小为 24 磅。

三、编程题

1. 依照图 1.11 所示输入程序 Lx1.c 的代码，并将 printf 其中的"Hello!"改成"你好!"，对程序进行编译、运行，了解程序的编写过程。

2. 编写程序，在屏幕上输出以下文字。

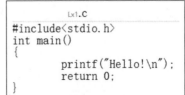

```
                Lx1.C
#include<stdio.h>
int main()
{
        printf("Hello!\n");
        return 0;
}
```

图 1.11　程序 Lx1.c 的代码

```
AAAAA
BBBBB
12345
学习 C 语言
```

3. 编写程序,在屏幕上输出以下图形。

```
     *
    * *
   * * * *
  * * * * * *
```

第2章 顺序结构

2.1 C程序的书写规则

2.1.1 变量命名

1. 基本原则

在 C 程序中,变量是指在程序运行中需要改变的量,一般由字母、数字和下画线构成。这些名字应该具有一定的意义,能反映各自所代表的实际含义,有助于对程序功能的理解。变量命名在 C 程序设计中扮演着关键的角色。使用清晰、具有描述性且遵循编程规范的名称,可以提高代码的可读性、维护性和可重用性,实现更好的开发体验和效果。

(1) 可读性。良好的变量命名能够使代码更易于阅读和理解。使用清晰且具有描述性的变量名称,可以让其他开发人员迅速理解代码的意图和功能,减少阅读代码时的困惑和猜测,帮助团队成员之间更好地协作。

(2) 可维护性。合适的变量命名可以提高代码的可维护性。当需要修改、扩展或调试代码时,良好的变量命名可以降低出错的可能性。

(3) 可重用性。使用恰当的变量命名可以增加代码的可重用性。特别是当代码片段应用于不同的上下文时,有意义的命名有助于更快地理解代码的含义,节省时间和精力。

(4) 文档化。良好的变量命名可以作为文档化代码的一部分。通过选择具有描述性的名称,可以在不添加大量注释的情况下传达变量的用途和含义。

(5) 符合规范。遵循了编程规范和约定的变量命名可提高代码的一致性,减少错误和歧义,使代码更易与他人分享和交流,提高代码的质量和可靠性。

2. 规则和限制

C 语言中变量命名具有重要性和作用,对代码的可读性、可理解性和可维护性起着至关重要的作用。

(1) 字符集。C 语言允许使用字母、数字和下画线来命名变量。变量名称必须以字母或下画线开头,不能以数字开头。

(2) 区分大小写。C 语言区分大小写,因此 Num 和 num 是两个不同的变量。

(3) 标识符长度。标准 C 语言要求变量名的长度至少为 1 个字符,并且不能超过特定编译器的限制(通常为 255 个字符)。

(4) 保留字。不能使用 C 语言中的 if、for、int 等保留字或 printf() 等内部函数作为变量名。

(5) 规范约定。尽可能选择有意义且描述准确的变量名,可以提高代码的可读性,使其他人员能够轻松理解代码的含义。

(6) 合法的命名示例。合法的变量名称示例包括 Age、num、x2 等。

（7）不推荐使用的命名方式。应避免使用单个字母或无意义的变量名这种命名方式，虽然在语法上是合法的，但是会导致代码难以理解和维护。

3. 命名风格

常见的 4 种命名法则为驼峰命名法、匈牙利命名法和下画线命名法。

（1）驼峰命名法。驼峰命名法分为小驼峰命名法和大驼峰命名法。

① 小驼峰命名法。变量名首字母小写，后续每个单词的首字母大写，不使用下画线。例如 myNum、totalAmount。

② 大驼峰命名法。所有单词的首字母都大写，不使用下画线，通常用于类名或类型名。例如 FirstClass、TotalAmount。

驼峰命名法的优点是可读性较好，易于阅读和理解长名称，特别适合在面向对象的编程中表示类和对象。驼峰命名法的缺点是名称长度较长，某些情况下可读性稍差。

（2）匈牙利命名法。匈牙利命名法是标识符的名字以一个或者多个小写字母开头作为前缀，前缀之后是首字母大写的一个单词或多个单词组合，该单词要指明变量的用途。如整型（int）类型用 i 开头（iCount），字符（char）类型用 c 开头（cCount）。

匈牙利命名法通过命名规则，使变量名更加清晰有意义，便于其他开发者理解和修改代码。由于变量名清晰，开发者更容易识别出错误或者潜在的问题。由于使用匈牙利命名法需要加上前缀，变量名可能会因此变得很长，从而降低代码的可读性，当开发者过度使用匈牙利命名法时，会导致代码过于复杂。

（3）下画线命名法。下画线命名法使用下画线字符作为单词之间的分隔符。所有字母小写，单词间用下画线连接。例如 my_variable, total_amount。

与前两种方法相比，下画线命名法的优点是名称较短，可读性较好，适合在函数、变量等场景下使用。下画线命名法的缺点是在某些情况下会显得杂乱，不便于快速阅读长名称。

2.1.2　程序注释

程序注释就是对代码的解释和说明，在程序中不执行，目的是让编写者和阅读者很容易看懂，知道这段代码的目的。正确的程序注释一般包括序言性注释和功能性注释。

序言性注释的主要内容包括模块的接口、数据的描述和模块的功能。

功能性注释的主要内容包括程序段的功能、语句的功能和数据的状态。

在 C 程序的注释有单行注释和多行注释两种方式。

单行注释以"//"开头，该行后面所有的内容都是注释，不再被执行，可以单独一行，也可以在一段程序的后面。

多行注释以"/＊"开头并以"＊/"结尾，两者之间的内容全部为注释，需要注意，多行注释不能嵌套使用。

2.1.3　语句结构

顺序结构按程序的先后顺序执行，简单明了，没有分支和循环。为保证语句结构的清晰和程序的可读性，在编写程序时应注意以下几方面的问题。

（1）应考虑程序的清晰性，不要刻意追求技巧而使得程序难以理解，要做到清晰第一、效率第二。

（2）在一行内只写一条语句，并采用空格保证清楚的视觉效果，长度一般不超过 80 个字符。

（3）嵌套的复合语句或函数块，按 Tab 键进行缩进（Dev-C++ 可自动生成），"｛"和"｝"独占一行，便于匹配。

（4）语句之间不空行，两个函数之间空一行，必要时加注释。

（5）尽可能使用标准函数库。

（6）使用"（ ）"可以准确地表达算术表达式和逻辑表达式的运算顺序。

2.2　数　据　类　型

2.2.1　常量

在程序运行过程中不能被改变的量称为常量，即具体的数值。包括以下几种类型。

（1）整型常量。例如 234、456、−68、0。

（2）实型常量。例如 23.45、−0.456、2.345e−2（表示 0.02345）。

（3）字符常量。用一对"''"括起的一个字符，例如'a'、'A'、'3'、'＊'。

（4）转义常量。以"\"开头的单个字符，用于输出控制，例如\n'（换行）、\t'（制表位输出）。

（5）字符串常量。用一对""""括起的若干字符，例如"12345"、"abcde"、"A"、"ABC123"。

（6）符号常量。用 ♯define 指令定义一个符号代表一个常量，在程序运行期间保持不变。例如：

```
#define PI 3.14159                            //注意该行后面没有";"
```

2.2.2　变量和数据类型

变量是在程序运行过程中可以改变的量，在使用前需要根据数据可能的变化范围合理定义其数据类型，即在内存中划分多少字节存放数据。常用的数据类型如下。

1. 整型数据（int 型）

Dev-C++ 系统给 int 型数据分配 4 字节，取值范围为 $-2^{31} \sim 2^{31}-1$（$-2147483648 \sim 2147483647$），超过此范围则溢出。

2. 字符型数据（char 型）

Dev-C++ 系统给 char 型数据分配 1 字节，取值范围为 0～127，与 ASCII 码表相对应，能够参与整型数运算。

3. 浮点型数据

浮点型数据用于表示有小数点的数据。根据数据大小又分为单精度（float，4 字节，6 位有效数字，绝对值 0、$1.2 \times 10^{-38} \sim 3.4 \times 10^{38}$）和双精度（double，8 字节，15 位有效数字，绝对值 0、$3.4 \times 10^{-4932} \sim 1.1 \times 10^{4932}$）两种。

4. 不同类型数据的转换

如果是浮点运算，则结果自动转为双精度（double）类型，或者在数据前加（数据类型），实现数据类型的强制转换，例如（int）3.5，结果为 3。

2.3　运算符和表达式

2.3.1　运算符

1. 算术运算符

＋：加法,例如 1＋2、a＋b。

－：减法,例如 5－2、a－b。

＊：乘法,例如 3＊2、a＊b。

/：除法,两个数都是整数,则是整除,只保留商,例如 6/2、a/b。

％：求余数,只对整数操作,例如 5％3、a％b。

＋＋：自增,例如 a＋＋、＋＋a。

－－：自减,例如 a－－、－－a。

2. 关系运算符

＞：大于,例如 a＞b。

＜：小于,例如 a＜b。

＝＝：等于,例如 a＝＝b。

＞＝：大于或等于,例如 a＞＝b。

＜＝：小于或等于,例如 a＜＝b。

！＝：不等于,例如 a！＝b。

3. 逻辑运算符

！：非运算,例如！a。

＆＆：与运算,例如 a＆＆b。

||：或运算,例如 a||b。

4. 位运算符

＜＜：左移,例如 7＜＜2＝28,7 左移 2 位,即 00000111 左移 2 位变为 00011110。

＞＞：右移,例如 15＞＞2＝3,15 右移 2 位,即 00001111 右移 2 位变为 0000011。

～：取反,例如 ～1＝－2,即 00000001 取反变为 11111110$_{补码}$＝11111101$_{反码}$＝－00000010$_{原码}$＝－2。

|：或运算,例如 a＝1,b＝3,则 a|b＝3。

^：异或运算,例如 a＝1,b＝3,则 a^b＝2。

＆：与运算,例如 a＝2,b＝3,则 a＆b＝2。

注意:位运算的与运算和逻辑运算的与运算不相同。

5. 数学函数

由标准 C 库函数的源文件 math.h 提供,本教材常用的数学函数如下。

fabs(x):求浮点数 x 的绝对值,例如 fabs(－2)。

log10(x):求 x 以 10 为底的对数,例如 log10(2)。

pow(x,y):求 x 的 y 次方,例如 pow(2,3)。

sqrt(x):求平方根,如 sqrt(4)。

2.3.2 表达式

用运算符和"()"将运算对象(包括常量、变量和函数等)连接起来的、符合 C 语法规则的式子称为 C 表达式。

用"="将变量和一个表达式连接起来,构成赋值表达式。例如 a＝2＋d。其中左侧必须为变量,代表一个内存地址,右侧可以为表达式,也可以为变量。通过运算,将右侧的值保存在左侧的变量(内存地址)中。

C 语言在表达式求值时,按照运算符的优先级顺序执行,例如先乘除后加减,逻辑非运算最高,逻辑与运算和逻辑或运算最低,如果优先级别相同,按照自左至右的方向进行运算。如果表达式里面的不同类别的运算符较多,可使用"()",以保证按照预先要求计算。

参与算术运算的数据都是整型数(包括字符型),结果为整型数,否则为双精度浮点数。

2.4 数据的输入输出

2.4.1 格式化输出函数 printf()

printf()是 C 语言标准库函数,定义于头文件 <stdio.h>,输出的数据包括字母、数字、空格、符号,以及表示特殊含义的转义字符。其一般调用形式如下:

```
printf(格式控制字符串,输出表列);
```

其中,格式控制字符串包括以下几种。

%d：输出整型数据,可以带宽度输出,例如%6d。

%f：输出浮点型数据,可以指定小数点位数,例如%7.4f,表示输出 4 位小数。

%c：输出字符型数据。

/n：换行符。

/r：制表位输出。

输出表列的内容必须包含与格式控制字符串中的"%"相对应的变量。

例 2.1 按照不同格式输出数据。具体程序如图 2.1 所示。

编译后的运行结果如图 2.2 所示。

2.4.2 格式化输入函数 scanf()

scanf()函数是 C 语言的标准库函数,在头文件 <stdio.h>中定义,其一般调用形式如下:

```
scanf(格式控制字符串,输入表列);
```

其中,格式控制字符串与 printf()函数相同,二者的区别在于输入表列的变量前必须加地址符"&"。输入的数据包括字母、数字、空格、符号。在输入多个数值数据时,若格式控制字符串是连续的,如"%d%d",则在输入数据时可用空格隔开,格式控制字符串之间有其他符号,例如"%d,%d",则输入的数据之间也要用","隔开;在输入多个连续的字符时,若格式

2-1.mp4

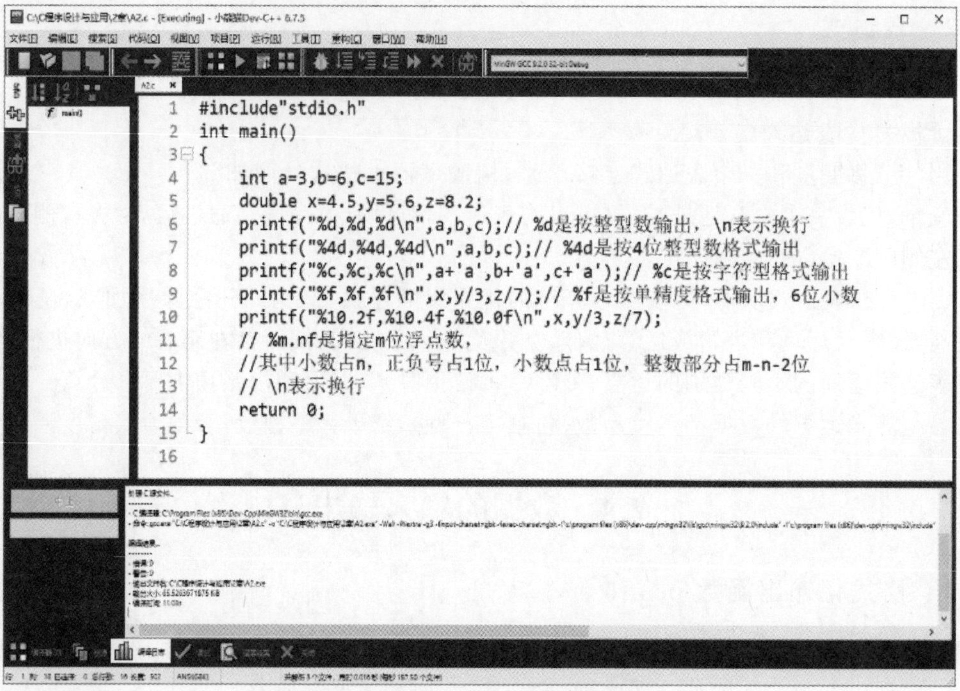

```
1   #include"stdio.h"
2   int main()
3 □ {
4       int a=3,b=6,c=15;
5       double x=4.5,y=5.6,z=8.2;
6       printf("%d,%d,%d\n",a,b,c);// %d是按整型数输出, \n表示换行
7       printf("%4d,%4d,%4d\n",a,b,c);// %4d是按4位整型数格式输出
8       printf("%c,%c,%c\n",a+'a',b+'a',c+'a');// %c是按字符型格式输出
9       printf("%f,%f,%f\n",x,y/3,z/7);// %f是按单精度格式输出, 6位小数
10      printf("%10.2f,%10.4f,%10.0f\n",x,y/3,z/7);
11      // %m.nf是指定m位浮点数,
12      //其中小数占n, 正负号占1位, 小数点占1位, 整数部分占m-n-2位
13      // \n表示换行
14      return 0;
15 └ }
16
```

图 2.1　按照不同格式输出的数据

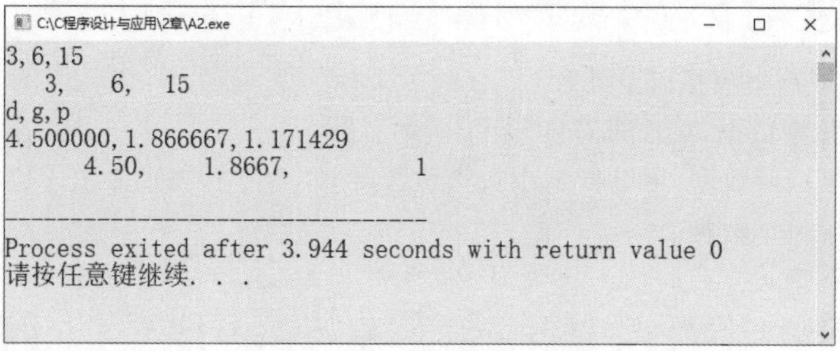

```
3, 6, 15
   3,    6,   15
d, g, p
4.500000, 1.866667, 1.171429
      4.50,    1.8667,             1

─────────────────────────────────
Process exited after 3.944 seconds with return value 0
请按任意键继续. . .
```

图 2.2　例 2.1 的运行结果

控制字符串是"％c％c",则输入的字符数据必须连续输入,中间不能有其他符号。

　　例 2.2　输入数据,如图 2.3 所示。

　　编译后的运行结果如图 2.4 所示。

2.4.3　单一字符输出函数 putchar()

　　putchar()函数是 C 语言的标准库函数,在头文件 ＜stdio.h＞中进行定义。其一般调用形式如下:

```
putchar(c);
```

　　putchar()函数的作用是向屏幕输出一个字符,参数 c 是一个字符变量,也可以是单个字符或转义字符,例如:

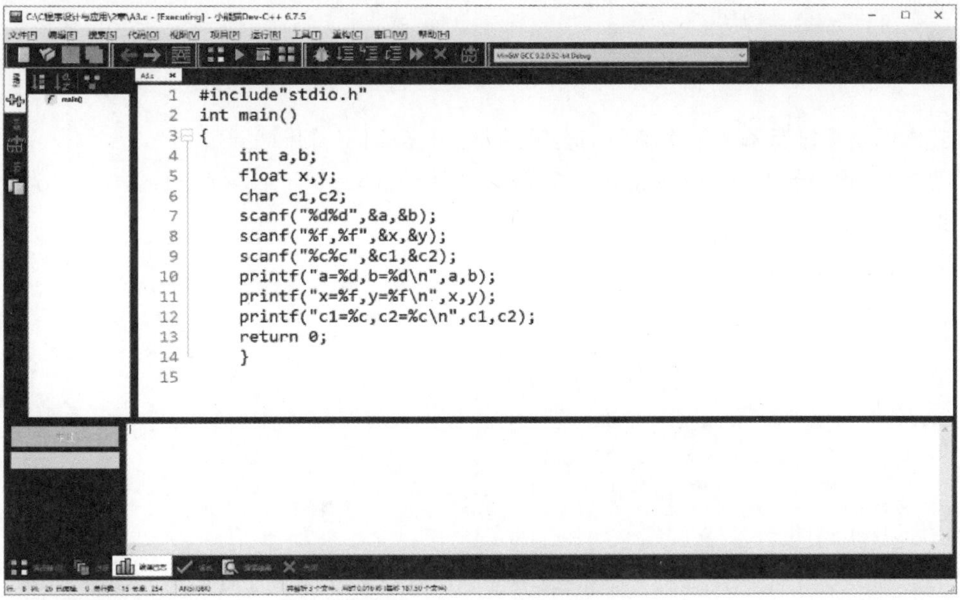

图 2.3　例 2.2 的输入数据

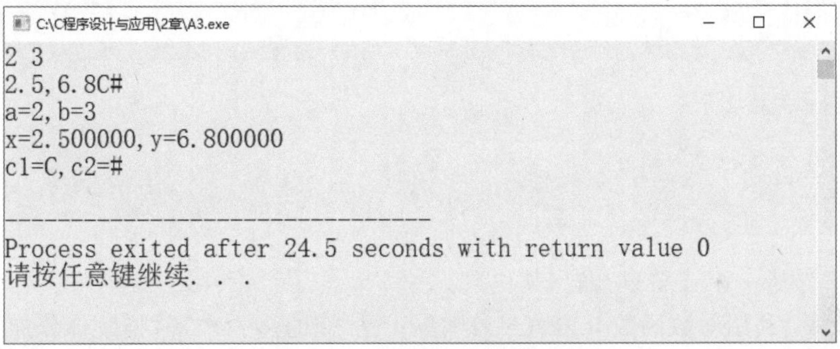

图 2.4　例 2.2 的运行结果

```
c='A';
putchar(c);
putchar('A');
putchar('\n');
putchar('C');
putchar('D');
```

的运行结果是屏幕上输出：

```
AA
CD
```

2.4.4　单一字符输入函数 getchar()

getchar()函数是 C 语言的标准库函数，在头文件 ＜stdio.h＞中进行定义。其一般调用形式如下：

```
a=getchar(c);
```

其作用是从键盘输入一个字符,送给字符变量 a,回车符用('\n')表示。

2-3.mp4

例 2.3 通过键盘使用 getchar()函数输入"c1='H',c2='e',c3='l',c4='l',c5='o'",并输出结果是"Hello"。

程序代码如下：

```
#include <stdio.h>
int main()
{
    char c1,c2,c3,c4,c5;
    scanf("%c%c%c%c%c", &c1, &c2, &c3, &c4, &c5);
    putchar(c1);
    putchar(c2);
    putchar(c3);
    putchar(c4);
    putchar(c5);
    return 0;
}
```

程序运行结果如下：

```
Hello↙
Hello
```

例 2.4 输入一个正整数,输出其位数。

2-4.mp4

解题思路：利用对数函数 $\log10(N)$ 计算 N 是 10 的多少次幂,整数部分加 1 即可。其流程图如图 2.5 所示。

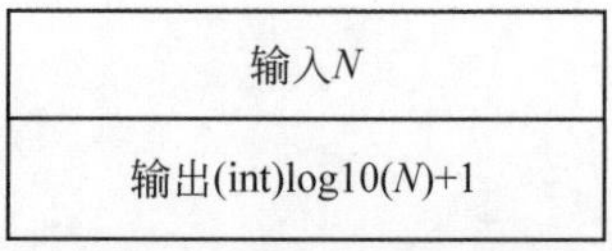

程序代码如下：

输入N
输出(int)$\log10(N)$+1

图 2.5 例 2.4 的流程图

```
#include <stdio.h>
#include "math.h"
/*注释文字无须输入以上两个头文件没有先后次序;
"<>"表示去安装位置读取该文件,常用于库函数;
" " "表示去本程序的保存位置读取该文件,如果
没有再去安装位置读取该文件。
*/
int main()
{
    int N;
    printf("输入正整数 N=?");
    scanf("%d", &N);
    printf("%d 是%d 位数\n", N, (int) log10(N)+1);
```

```
    return 0;
}
```

运行程序结果如下：

```
输入正整数 N=?123↙
123 是 3 位数
```

例 2.5 输入秒数，按照"小时:分:秒"的形式输出。

解题思路：利用整除和求余数的方法，对输入的秒数 s 进行数据分离，即时数 $h = s/3600$，分数 $m = s\%3600/60$，秒数 $s = s\%60$。流程图如图 2.6 所示。

2-5.mp4

程序代码如下：

```
#include <stdio.h>
#include <math.h>
int main()
{
    int h,m,s;
    printf("输入秒数 s=?");
    scanf("%d",&s);
    h=s/3600;
    m=s%3600/60;
    s=s%60;
    printf("%d:%d:%d\n",h,m,s);
    return 0;
}
```

程序运行结果如下：

```
输入秒数 s=?34562↙
9:36:2
```

例 2.6 输入一个 4 位正整数 N，将每位数分离显示并求和。

解题思路：利用算术运算符整除和求余进行处理，千位 $a_1 = N/1000$，百位 $a_2 = N\%1000/100$（或 $= N/100\%10$），十位 $a_3 = N\%100/10$（或 $= N/10\%10$），个位 $a_4 = N\%10$。流程图如图 2.7 所示。

2-6.mp4

输入 s
$h=s/3600$ $m=s\%3600/60$ $s=s\%60$
输出 h、m、s

图 2.6　例 2.5 的流程图

输入 N	
$a_1=N/1000;$	//千位
$a_2=N\%1000/100;$	//百位
$a_3=N\%100/10;$	//十位
$a_4=N\%10;$	//个位
输出 a_1、a_2、a_3、a_4	

图 2.7　例 2.6 的流程图

程序代码如下：

```
#include <stdio.h>
int main()
{
    int N,a1,a2,a3,a4;
    printf("输入 4 位正整数 N=?");
    scanf("%d",&N);
    a1=N/1000;              //千位
    a2=N%1000/100;          //百位
    a3=N%100/10;            //十位
    a4=N%10;                //个位
    printf("%d+%d+%d+%d=%d\n",a1,a2,a3,a4,a1+a2+a3+a4);
    return 0;
}
```

程序运行结果如下：

```
输入 4 位正整数 N=?2345↙
2+3+4+5=14
```

2-7.mp4

例 2.7 输入一个小写字母，将其转为大写字母并输出。运行界面要求如下：

```
输入一个小写字母?g↙
g==>G
```

解题思路：根据 ASCII 码表可知，大写字母的 ASCII 码比小写字母小 32，而字符型数据可以进行算术运算，因此直接将输入的字符减去 32 即可。流程图如图 2.8 所示。

程序代码如下：

```
#include <stdio.h>
int main()
{
    char c;
    printf("输入一个小写字母?");
    scanf("%c",&c);
    printf("%c==>%c\n",c,c-32);
    return 0;
}
```

2-8.mp4

例 2.8 输入 3 个整数 a、b、c，计算 $(a+b)c$ 的值。

解题思路：使用 scanf() 函数输入 3 个整数，并按公式进行计算。注意结果的输出格式。流程图如图 2.9 所示。

| 输入字符 c |
| 字符格式输出 c, $c-32$ |

图 2.8 例 2.7 的流程图

| 输入 a、b、c |
| 输出 $(a+b)c$ |

图 2.9 例 2.8 的流程图

程序代码如下：

```
#include <stdio.h>
int main()
{
    int a,b,c;
    printf("输入 3 个整数?");
    scanf("%d,%d,%d",&a,&b,&c);
    printf("(%d+%d) * %d=%d\n",a,b,c,(a+b) * c);
    return 0;
}
```

程序运行结果如下：

输入 3 个整数?**2, 3, 4**↙
(2+3) * 4=20

例 2.9　已知三角形的 3 条边长 a、b、c，计算其面积 S，保留 2 位小数。

解题思路：设定输入的 a、b、c 满足三角形条件，即任意两边的和大于第三边，则三角形面积等于 $S=\sqrt{s(s-a)(s-b)(s-c)}$，$s=(a+b+c)/2$。流程图如图 2.10 所示。

2-9.mp4

| 输入a、b、c |
| $s=(a+b+c)/2$ |
| 输出 $\sqrt{s(s-a)(s-b)(s-c)}$的值 |

图 2.10　例 2.9 的流程图

程序代码如下：

```
#include <stdio.h>
#include <math.h>
int main()
{
    float a,b,c,s;
    printf("输入三角形的边长 a,b,c=?");
    scanf("%f,%f,%f",&a,&b,&c);
    s=(a+b+c)/2;                          //a,b,c是单精度,结果是双精度
    printf("三角形的面积为%8.2f\n",sqrt(s * (s-a) * (s-b) * (s-c)));
    return 0;
}
```

程序运行结果如下：

输入三角形的边长 a,b,c=?**3, 4, 5**↙
三角形的面积 S=6.00

本 章 小 结

本章对 C 语言从以下几方面进行了介绍。

（1）C 程序中用到的一些基本要素（常量、变量、运算符、表达式等），它们是构成程序的

基本成分。

(2) 利用 printf()函数可以完成数据的屏幕输出；利用 scanf()函数可以完成数据的键盘输入。

习 题 2

一、选择题

1. 按照标识符的要求,( )符号不能组成标识符。

    A. 连接符   B. 下画线   C. 大小写字母   D. 数字字符

2. 下列符号中,( )能作为语句分隔符。

    A. "   B. ;   C. 大小写字母   D. 数字字符

3. 下面 4 组字符串中,都可以用作 C 语言程序标识符的是( )。

    A. print、_maf、mx_2d、aMb6

    B. I\am、scanf、mx_、MB

    C. sign、3mf、a.f、A&B

    D. if、ty_pe、x1#、5XY

4. 假设所有变量均为整型,则表达式(a=2,b=5,--b,a+b)的值是( )。

    A. 7   B. 8   C. 6   D. 2

5. 在 C 语言中,int、char、short 这 3 种类型数据在内存中所占用的字节数( )。

    A. 由用户自己定义   B. 均为 2

    C. 是任意的   D. 由编译系统决定

6. 以下符合 C 语言语法的赋值表达式是( )。

    A. d=9+e+f=d+9   B. d=9+e,f=d+9

    C. d=9+e,e++,d+9   D. d=9+e++=d+7

7. 以下叙述中正确的是( )。

    A. 在 C 程序中,每行只能写一条语句

    B. 若 a 是实型变量,C 程序中允许赋值 a=10,因此实型变量中允许存放整型数

    C. 在 C 程序中,运算符"%"只能用于整数运算

    D. 在 C 程序中,无论是整数还是实数,都能被准确无误地表示

8. 以下能正确地定义整型变量 a、b、c 并为其赋初值 5 的语句是( )。

    A. int a=b=c=5;   B. int a,b,c=5;

    C. int a=5,b=5,c=5;   D. a=b=c=5;

9. 设有说明语句:

```
char a='\72';
```

则变量 a 包含( )。

    A. 1 字符   B. 2 字符   C. 3 字符   D. 说明不合法

10. 在 C 语言中,数字 029 是一个( )。

A. 八进制数　　　　B. 十六进制数　　　　C. 十进制数　　　　D. 以上都不是

11. 下列运算符中优先级别最高的是(　　　)。

　　A. <　　　　　　B. +　　　　　　　C. &&　　　　　　D. ! =

12. 设有定义：

```
int x=10,y=3,z;
```

则执行语句

```
printf("%d\n",z=(x%y,x/y));
```

的输出结果是(　　　)。

　　A. 0　　　　　　B. 1　　　　　　　C. 3　　　　　　　D. 4

13. 以下选项中不是 C 语句的是(　　　)。

　　A. {int i; i++; printf("%d\n", i); }

　　B. ;

　　C. a=5,c=10

　　D. { ; }

14. 一个 C 程序的执行是从(　　　)。

　　A. 本程序的 main()函数开始,到 main()函数结束

　　B. 本程序文件的第一个函数开始,到本程序文件的最后一个函数结束

　　C. 本程序的 main()函数开始,到本程序文件的最后一个函数结束

　　D. 本程序文件的第一个函数开始,到本程序 main()函数结束

15. C 语言中要求运算对象必须是整型的运算符是(　　　)。

　　A. /　　　　　　B. ++　　　　　　C. ! =　　　　　　D. %

16. 已定义 ch 为字符型变量,以下赋值语句中错误的是(　　　)。

　　A. ch='\';　　B. ch=62+3;　　C. ch='';　　D. ch='\xaa';

17. 逻辑运算符两则运算对象的数据类型(　　　)。

　　A. 只能是 0 或 1　　　　　　　　　B. 只能是 0 或非 0 正数

　　C. 只能是整型或字符型数据　　　　D. 可以是任何类型的数据

18. putchar()函数可以向终端输出一个(　　　)。

　　A. 整型变量表达式值　　　　　　　B. 实型变量值

　　C. 字符串　　　　　　　　　　　　D. 字符或字符型变量值

19. 当把下列 4 个表达式(假设 k>0)用作 if 语句的控制表达式时,与其他选项含义不相同的选项是(　　　)。

　　A. k%2　　　　B. k%2==0　　　C. (k%2)! =0　　D. k%2==1

20. 设 k=2,执行以下语句后,k 不等于 3 的语句是(　　　)。

　　A. k++;　　　　B. k+=3;　　　　C. ++k;　　　　D. k=3;

二、判断题

1. C 语言程序中,每条语句结束时都加一个";"。　　　　　　　　　　　　　(　　　)

2. C语言中标识符的大小写没有区别。 （　　）

3. 在编写 C 程序时，一定要注意采用人们习惯使用的书写格式，否则会降低其可读性。
（　　）

4. C语言是一种以编译方式实现的高级语言。 （　　）

5. 在 C 语言编译过程中，包含预处理过程、编译过程和连接过程，并且这 3 个过程的顺序是不能改变的。 （　　）

6. 预处理过程是在编译过程之后，连接过程之前实现的。 （　　）

三、编程题

1. 从键盘任给一个四位正整数，分别输出它的千位、百位、十位、个位。运行过程如下：

```
输入一个四位正整数：2345↙
输出结果：5,4,3,2
```

2. 编写程序，求多项式 ax^3+bx^2+c 的值（$a=2,b=3,c=4,x=1.414$）。运行过程如下：

```
输入 a,b,c,x: 2,3,4,1.414↙
15.652481
```

3. 输入 a、b 两个整数，分别求它们的积、商和余数。运行过程如下：

```
输入 a, b: 5,3↙
5*3=15
5/3=1
5%3=2
```

第3章 分支结构

分支结构又称选择结构,是程序设计的基本结构。它通过对给定的条件进行判断,决定执行两个或多个分支中的哪一个。因此,在编写选择结构之前,应该明确判断条件以及当判断结果为"真"或"假"时执行的操作。

通过本章学习,应掌握在 C 语言中实现选择结构的控制语句的格式、功能和执行过程,熟练使用选择控制语句编写具有分支基本结构的程序。

C 语言程序中提供的分支结构有两种:if 条件分支结构和 switch 结构。

3.1 if 条件分支结构

3-0.mp4

if 语句是二分支选择语句。if 语句可以给出两种操作,通过表达式结果(非 0 或 0)选择其中的一种操作。

if 语句有以下 3 种格式。

格式 1:单分支条件语句。

```
if (条件表达式)
{
    语句序列
}
```

该语句的功能是对条件表达式进行判断,若结果为真,则执行"{}"中的语句序列,然后执行"}"后面的语句;否则跳过"{}"中的语句序列,直接执行其后的语句。条件表达式可以是关系表达式、逻辑表达式、表达式、常量、变量或函数。流程图描述如图 3.1 所示。

例 3.1 判断用户输入的数据,如果输入的数值大于 0,则在屏幕上显示"正数"。

解题思路:键盘输入数据 a,利用 if 语句判断 a 是否大于 0,其流程图如图 3.2 所示。

3-1.mp4

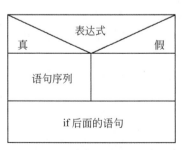

图 3.1 单分支条件语句的流程图

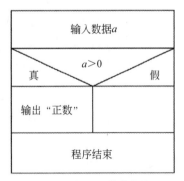

图 3.2 例 3.1 的流程图

程序代码如下:

```
#include <stdio.h>
int main()
{
    int a;
    printf("请输入一个数: ");
    scanf("%d",&a);
    if (a>0)
        printf("正数\n");
    printf("结束\n");
    return 0;
}
```

程序运行结果如下：

第一次运行：

5↙
正数
结束

第二次运行：

-2↙
结束

当语句序列只包含一条语句时，包围该语句序列的"{}"可以省略。

格式 2：二分支条件语句。

```
if (条件表达式)
{
    语句序列 1
}
else
{
    语句序列 2
}
```

该语句的功能为，如果"条件表达式"的判断结果为真，则执行语句序列 1；如果"条件表达式"的判断结果为假，则执行语句序列 2。流程图描述如图 3.3 所示。

例 3.2 判断用户输入的数据，如果输入的数值大于 0，则在屏幕上显示"正数"；否则在屏幕上显示"不是正数"。

解题思路：键盘输入数据 a，利用 if 语句判断 a 是否大于 0，根据判断的结果执行不同的语句，其流程图如图 3.4 所示。

程序代码如下：

```
#include <stdio.h>
int main()
{
```

3-2.mp4

```
    int a;
    printf("请输入一个数：");
    scanf("%d",&a);
    if (a>0)
        printf("正数\n");
    else
        printf("不是正数\n");
    return 0;
}
```

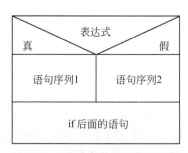

图 3.3　二分支条件语句的流程图

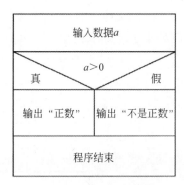

图 3.4　例 3.2 的流程图

程序运行结果如下：

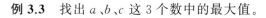
不是正数

格式 3：嵌套条件语句。

```
if (条件表达式 1)
{
    语句序列 1
}
else if (条件表达式 2)
{
    语句序列 2
}
else
{
    语句序列 3
}
```

该语句的功能为，如果"条件表达式 1"的判断结果为真，则执行语句序列 1；若为假，再判断"条件表达式 2"，如果判断结果为真，则执行语句序列 2；否则，执行语句序列 3。其流程图如图 3.5 所示。

例 3.3　找出 a、b、c 这 3 个数中的最大值。

3-3.mp4

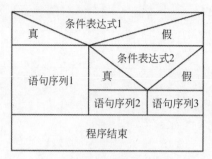

图 3.5　嵌套条件的流程图

解题思路：将 a 与 b 进行比较，如果 a 大，则 a 与 c 进行比较，大的数赋予 max；如果 b 大，则 b 与 c 进行比较，大的数赋予 max。流程图如图 3.6 所示。

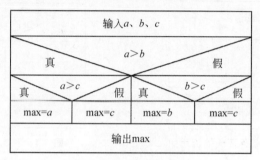

图 3.6　例 3.3 的流程图

程序代码如下：

```c
#include <stdio.h>
int main()
{
    int a,b,c,max;
    printf("请输入第 1 个数: ");
    scanf("%d",&a);
    printf("请输入第 2 个数: ");
    scanf("%d",&b);
    printf("请输入第 3 个数: ");
    scanf("%d",&c);
    if (a>b)
        if (a>c)
            max=a;
        else
            max=c;
    else if (b>c)
            max=b;
        else
            max=c;
    printf("最大数为%d\n",max);
```

```
    return 0;
}
```

程序运行结果如下：

```
请输入第 1 个数：5↙
请输入第 2 个数：4↙
请输入第 3 个数：2↙
最大数为 5
```

当多个 if…else 语句嵌套时，为了防止出现二义性，C 语言规定，由后向前使每一个 else 都与其前面的最靠近它的 if 配对。如果一个 else 的上面又有一个未经配对的 else，则先处理上面的（内层的）else 的配对。另外也可以按照语法关系加上"{}"来标识逻辑关系的正确性。如把例 3.3 程序中的判断部分进行如下改写：

```
if (a>b)
{
    if (a>c)
        max=a;
    else
        max=c;
}
else
{
    if (b>c)
        max=b;
    else
        max=c;
}
```

3.2 switch 开关结构

switch 语句是多分支的选择语句。虽然嵌套的 if 语句可以处理多分支选择，但是用 switch 语句更加直观。

switch 语句格式如下：

```
switch (表达式)
{   case 常量表达式 1:<语句序列 1>; <break;>
    case 常量表达式 2:<语句序列 2>; <break;>
    ...
    case 常量表达式 n:<语句序列 n>; <break;>
    default:<语句序列 n+1>;
}
```

switch 语句的执行顺序是，首先对"表达式"进行计算，得到一个常量结果，然后从上到下寻找与此结果相匹配的常量表达式所在的 case 语句，并以此作为入口，开始顺序执行入口处后面的各语句，直到遇到 break 语句，才结束 switch 语句，转而执行 switch 结构后的其他语句。如果没有找到与此结果相匹配的常量表达式,则从"default:"处开始执行语句序列 $n+1$。其流程图如图 3.7 所示。

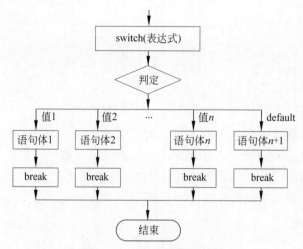

图 3.7　switch 结构的流程图

例 3.4　根据成绩的等级对应输出成绩的分数范围。

解题思路:等级为 A,输出 90~100,等级为 B,输出 80~89,等级为 C,输出 70~79,等级为 D,输出 60~69,等级为 E,输出 0~59,若输入不是 A、B、C、D、E 其中之一,显示"数据错误"信息,利用 switch 对其进行分类处理,流程图如图 3.8 所示。

3-4.mp4

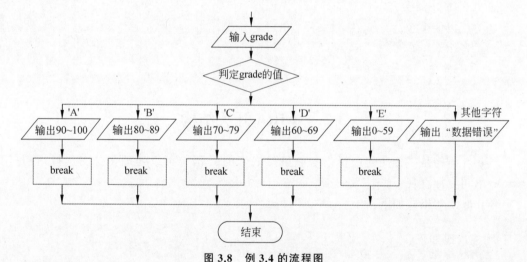

图 3.8　例 3.4 的流程图

程序代码如下:

```c
#include <stdio.h>
int main()
{
    char grade;
    printf("输入成绩等级(ABCDE): ");
    scanf("%c",&grade);
```

```
    switch(grade)
    {
        case 'A':printf("90~100\n");break;
        case 'B':printf("80~89\n");break;
        case 'C':printf("70~79\n");break;
        case 'D':printf("60~69\n");break;
        case 'E':printf("0~59\n");break;
        default:printf("数据错误\n");
    }
    return 0;
}
```

程序运行结果如下：

```
B↙
对应的分数范围：80~89
```

程序中 break 语句的作用是结束 switch 语句，转而执行 switch 结构后的其他语句。

说明：

（1）switch 后面"（）"中的表达式只能是常量，数据类型包括整型、字符型，所有常量必须互不相同。

（2）在各个分支中的 break 语句起着退出 switch 语句的作用。若没有 break 语句，程序将从匹配的 case 处开始向后执行所有语句。

（3）可以使多个 case 语句共用一组语句序列。

（4）各个 case（包括 default）语句的出现次序可以是任意的。在各个分支中都含有 break 语句时，顺序的改变不影响执行结果。

（5）每个 case 语句中不必用"{ }"，而整体的 switch 结构一定要写"{ }"。

（6）default 语句是可省略的。

（7）switch 结构也可以嵌套。

例 3.5　编写具有简单计数器功能的程序。

解题思路：程序首先在屏幕上输出加减乘除提示，选择相应的功能后，输入两个操作数，根据功能选择，用 switch 语句对选择结果进行相应的处理。若选择 1、2、3、4，则分别实现对两个操作数进行加、减、乘、除计算；否则直接退出程序。流程图如图 3.9 所示。

3-5.mp4

程序代码如下：

```
#include<stdio.h>
int main()
{
    int ans;
    float x,y;
    printf("请选择\n");
    printf(" 1--加       2--减 \n");
    printf(" 3--乘       4--除 \n");
    printf(" 其他任意键--退出 \n");
```

```
    printf("请输入选择: ");
    scanf("%d",&ans);
    if (ans==1||ans==2||ans==3||ans==4)
    {
        printf("\n请输入操作数 1: ");
        scanf("%f",&x);
        printf("请输入操作数 2: ");
        scanf("%f",&y);
        switch(ans)
        {
            case 1:printf("%f +%f =%.2f",x,y,x+y);break;
            case 2:printf("%f -%f =%.2f",x,y,x-y);break;
            case 3:printf("%f * %f =%.2f",x,y,x * y);break;
            case 4:if (y!=0)
            {
                printf("%f/%f =%.2f",x,y,x/y);
                break;
            }
            else
            {
                printf("除数不能为 0,程序退出!\n");
                break;
            }
            default :printf("选择错误\n");break;
        }
    }
    return 0;
}
```

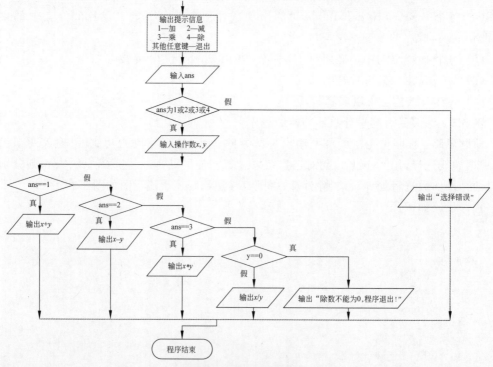

图 3.9 例 3.5 的流程图

程序运行结果如下：

```
请选择
1--加          2--减
3--乘          4--除
其他任意键--退出
请输入选择：1

请输入操作数 1：23↙
请输入操作数 2：12↙
23.000000 +12.000000 =35.00
```

思考：在案例 1 的程序中,若把 switch 结构中 case1 后面的 break 语句去掉,然后运行程序并选加法功能,会出现什么情况？若把 break 语句都去掉,又会出现什么情况？

本 章 小 结

本章着重介绍了分支结构中的几个重要概念。

(1) if 分支结构的基本用法。

(2) switch 开关结构的基本用法。

习 题 3

一、单选题

1. x>0 || y==5 的相反表达式为（   ）。

   A. x>0 && y==5   B. x<=0 || y! =5

   C. x<=0 && y! =5   D. x>0 || y! =5

2. 若有定义 float w； int a，b；,则合法的 switch 语句是（   ）。

   A. switch(w) { case 1. 0: printf(" * \n"); case 2. 0: printf(" * * \n"); }

   B. switch(a); { case 1 printf(" * \n"); case 2 printf(" * * \n"); }

   C. switch(b) { case 1:   printf(" * \n"); default: printf("\n"); case 1+2:
      printf(" * * \n"); }

   D. switch(a+b); { case 1:   printf(" * \n");   case 2:   printf(" * * \n");
      default：printf("\n"); }

3. 程序 main(){int x=1，y=0，a=0，b=0;switch(x){case 1: switch(y) {case 0：a++;break; case 1：b++;break; } case 2：   a++； b++； break;}printf("a=%d, b=%d\n",a,b); }的输出结果是（   ）。

   A. a=2，b=1   B. a=1，b=1   C. a=1，b=0   D. a=2，b=2

4. 若 a=7,b=3,则执行 printf("%d",(a+b)%a||(a-b)%b)的结果是（   ）。

   A. 1   B. 3   C. 5   D. 7

5. 若 a=20,b=7,则执行 printf("%d",(a+10)%a&&(a-b)/a)的结果是（   ）。

   A. 3   B. 2   C. 1   D. 0

6. 下列关于 switch 语句的描述中，( )是正确的。

    A. switch 语句中可以有一个 default 子句，也可以没有

    B. switch 语句中每个语句序列中必须有 break 语句

    C. switch 语句中 default 语句只能放在最后

    D. switch 语句中 case 子句后的表达式只能是整型表达式

二、编程题

1. 从键盘输入 x,y 的值，按下列公式求 z 的值。

$$z = \begin{cases} \dfrac{x^2+1}{x^2+2}y, & x \geqslant 0, y > 0 \\[2mm] \dfrac{x-2}{y^2+1}, & x \geqslant 0, y \leqslant 0 \\[2mm] x+y, & x < 0 \end{cases}$$

运行过程如下：

```
输入 x,y: -2.5,2↙
z=-0.500000
```

2. 用整数 1～12 依次表示 1 月至 12 月，由键盘输入一个月份数，输出对应的季节中文名称(12 月至第二年 2 月为冬季;3 月至 5 月为春季;6 月至 8 月为夏季;9 月至 11 月为秋季)，分别用 if、switch 实现。运行过程如下：

```
输入月份: 5↙
5月是春季
```

3. 城市实行车牌限号，即周一限尾号 1 和 6，周二限 2 和 7，周三限 3 和 8，周四限 4 和 9，周五限 5 和 0，周六日不限号，编程要求:输入周:1～7，显示要限制的尾号。运行过程如下：

```
今天是星期几(1～7): 3↙
星期三限尾号 3 和 8
今天是星期几(1～7): 6↙
周六日不限号
```

4. 判断用户输入的数据，若数值大于 0、等于 0、小于 0，分别在屏幕上显示"正数""零""负数"。运行过程如下：

```
输入数据: 2↙
正数
```

5. 编程判断某一年是否是闰年。提示:若年份能被 400 整除，或能被 4 整除但不能被 100 整除，则该年份为闰年。运行过程如下：

```
输入年份: 2024↙
闰年
输入年份: 2025↙
非闰年
```

第4章 循环结构

循环结构又称重复结构,可以完成有规律的重复操作。在人们所需处理的运算任务中,常常需要用到循环,例如累加求和、迭代求根等。C 提供了 3 种循环控制语句: while、do…while 和 for 语句。

4.1 while 循环结构

4-0.mp4

while 语句格式如下:

```
while (条件表达式)
{
    循环体
}
```

该语句的功能为,首先对条件表达式进行判断,若判断结果为假(false,0),则跳过循环体,执行 while 结构后面的语句;若判断结果为真(true,非 0),则进入循环体,执行其中的循环体。执行完一次循环体语句后,再对条件表达式进行判断,若判断结果为真,则再执行一次循环体语句,直到判断结果为假时,退出 while 循环语句,转而执行后面的语句。

while 循环语句的特点是"先判断后执行",流程图描述如图 4.1 所示。

一个 while 循环由 4 部分组成:循环控制变量的初始化、进行循环的条件、循环体、循环体中改变循环控制变量语句。

例 4.1 $sum=1+2+3+\cdots+100$,计算 sum 的值。

解题思路:计算累加时,需要定义一个累加器 sum,初值设为 0,利用循环使其连续相加直至循环达到规定的次数。流程图如图 4.2 所示。

4-1.mp4

图 4.1 while 语句执行的流程图

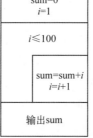

图 4.2 例 4.1 的流程图

程序代码如下:

```
#include <stdio.h>
int main()
```

```
{
    int i,sum;
    sum=0;
    i=1;                                    //循环控制变量初始化
    while (i<=100)                          //判断条件
    {
        sum=sum+i;                          //累加和
        i++;                                //改变循环控制变量
    }
    printf("sum=%d\n",sum);
    return 0;
}
```

程序运行结果如下：

```
sum=5050
```

注意：

（1）如果循环体包含一个以上的语句，则应该用"{ }"括起来，以复合语句形式出现；如果循环体包含多条语句却没有加"{ }"，则循环时只执行其中的第一条语句。

（2）仔细定义循环控制变量的初始值和判断条件的边界值。

（3）循环体中应该有使循环趋向结束的语句，这一点很重要。如果循环控制变量的值恒定不变或者当条件表达式为一常数时，将会导致无限循环（即死循环）。

（4）对条件表达式的计算总是比循环体的执行多一次。这是因为最后一次判断条件为假时不执行循环体。

4.2 do…while 结构

do…while 语句的格式如下：

```
do
{
    循环体;
} while (条件表达式);
```

该语句的功能为，先执行一次循环体，然后判断是否满足条件，当条件满足时重复执行循环体，直到条件不满足时退出，转而执行 do…while 结构后面的语句。

do…while 语句的特点是"先执行后判断"，流程图如图 4.3 所示。

例 4.2 sum＝3＋5＋7＋…＋99，计算 sum 的值。

解题思路： 与例 4.1 类似，需要定义一个累加值 sum，初值设为 0，区别在于首先进行累加计算，再判断是否满足退出条件。流程图如图 4.4 所示。

程序代码如下：

4-2.mp4

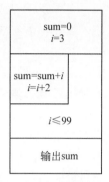

图 4.3　do…while 语句的流程图　　　　图 4.4　例 4.2 的流程图

```
#include<stdio.h>
int main()
{
    int i,sum;
    sum=0;
    i=3;                                    //循环控制变量初始化
    do
    {
        sum=sum+i;                          //累加和
        i=i+2;                              //改变循环控制变量
    }while (i<=99);                         //判断条件
    printf("sum=%d\n",sum);
    return 0;
}
```

程序运行结果如下：

```
sum=2499
```

虽然 while 与 do…while 二者功能相同，都能实现循环，但二者在"执行"和"判断"的先后顺序不同，while 语句的循环体有可能一次都不被执行，而 do…while 的循环体至少执行一次。

4.3　for 结 构

for 语句格式如下：

```
for (表达式 1;表达式 2;表达式 3)
{
    循环体
}
```

其中，表达式 1 可以称为初始化表达式，一般用于对循环控制变量进行初始化或赋初值；表达式 2 可以称为条件表达式，当它的判断条件为真时，就执行循环体语句，否则终止循环，退出 for 结构;表达式 3 可以称为修正表达式,一般用于在每次循环体执行之后,对循环控制变量进行修改。具体来说,for 语句的执行过程如下。

(1) 先求解表达式 1。

(2) 求解表达式 2,若为 0(假),则结束循环,并转到(5)。

(3) 若表达式 2 为非 0(真),则执行循环体,然后求解表达式 3。

(4) 转回(2)。

(5) 执行 for 语句下面的一个语句。

该语句的功能为,当循环控制变量在指定范围内变化时,重复执行循环体,直到循环控制变量超出了指定的范围时退出。流程图描述如图 4.3 所示。

例 4.3 $s = 1 \times 2 \times 3 \times \cdots \times 10$,计算 s 的值。

解题思路:做乘法运算时,需要定义一个乘积数 s,初值设为 1,在循环内连续乘以循环变量,再判断是否满足退出条件。流程图如图 4.6 所示。

4-3.mp4

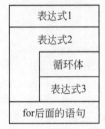

图 4.5 for 语句的流程图

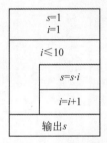

图 4.6 例 4.3 的流程图

程序代码如下:

```c
#include <stdio.h>
int main()
{
    int i,s=1;
    for (i=1;i<=10;i++)
    {
        s*=i;                    //循环体
    }
    printf("s=%d\n",s);
    return 0;
}
```

程序运行结果如下:

```
s=3628800
```

说明:

(1) for 语句中的 3 个表达式可以部分或全部省略,但其中的两个";"不能省略。

(2) 若表达式 1 省略,则应在 for 语句之前给循环变量赋初值。

(3) 若表达式 2 省略,即认为循环条件始终为真,循环将无终止地进行下去,形成死循

环。为避免死循环,在 for 的循环体中应有使循环趋于终止的控制语句。例如:

```
for (i=1;;i++)
{
    if (i>10) break;
    sum+=i;
}
```

其中,break 表示退出循环,详见 4.5.1 节。

(4) 若表达式 3 省略,则应在 for 的循环体中修改循环变量的值以使循环能正常结束,例如:

```
for (i=1;i<=100;)
{
    sum+=i;
    i++;
}
```

(5) 若表达式 1 和表达式 3 同时省略,只有表达式 2,即只给循环条件,则此时 for 语句完全等同于 while 语句。例如:

```
for (;i<=100;)
{
    sum+=i;
    i++;
}
```

相当于

```
while (i<=100)
{
    sum+=i;
    i++;
}
```

由此可见,for 语句比 while 语句的功能更强大,while 语句可以看成是 for 语句的一种特殊情况。

(6) 表达式 1 和表达式 3 可以是一个简单的表达式,也可以是逗号表达式,即用","隔开的多个简单表达式。

例 4.4　$s = 1 \times 100 + 2 \times 99 + 3 \times 98 + \cdots + 100 \times 1$,计算 s 的值。

解题思路: 定义两个循环变量 i 和 j,让 i 做自增运算,j 做自减运算,两者相乘后累加到 s 中。流程图如图 4.7 所示。

程序代码如下:

```
#include <stdio.h>
int main()
```

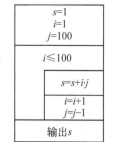

4-4.mp4

图 4.7　例 4.4 的流程图

```
{
    int i,j,s;
    for (s=0,i=1,j=100;i<=100;j--,i++)
    {
        s+=i*j;
        //printf("%d %d\n",i,j);
    }
    printf("s=%d\n",s);
    return 0;
}
```

程序运行结果如下：

```
s=171700
```

4.4　循环嵌套结构

循环嵌套是指循环语句的循环体内又包含另一个循环语句，即循环套循环。可以是同一种循环的嵌套，也可以是 3 种循环的互相嵌套。下面几种都是合法的形式。

（1）

```
while ()
{
    …
    while ()
    { … }
}
```

（2）

```
do
{
    …
    do
    {
        …
    } while ();
} while ();
```

（3）

```
for ( ; ; )
{
    …
    for ( ; ; )
    { … }
}
```

(4)

```
for ( ; ; )
{
    …
    while ()
    { … }
}
```

4.5 其他控制语句

在 C 语言中,除了提供顺序执行和选择控制、循环控制语句外,还提供了一类跳转语句。这类语句的总体功能是中断当前某段程序的执行,并跳转到程序的其他位置继续执行。常见的跳转语句有 break 语句和 continue 语句。这两种语句不允许用户自己指定跳转到哪里,而是必须按照相应的原则跳转。

4.5.1 break 语句

break 语句的作用是结束当前正在执行的循环(for、while、do…while)或多路分支(switch)结构,转而执行这些结构后面的语句。在 switch 语句中,当遇到 break 语句时,程序跳出 switch 语句,继续执行 switch 语句后的语句。在循环语句中,当遇到 break 语句时,程序结束当前循环语句,继续执行循环结构后面的语句。对于循环嵌套的情况,break 语句只是结束它所在的那层循环,而不是结束所有循环。

4.5.2 continue 语句

continue 语句的作用是结束当前正在执行的这一次循环(for、while、do…while),接着执行下一次循环,即跳过循环体中尚未执行的语句,继续进行下一次是否执行循环的判定。

在 for 循环中,continue 用来转去执行表达式 3,再执行表达式 2。

在 while 循环和 do…while 循环中,continue 用来转去执行对条件表达式的判断。

例 4.5 输出 $1 \sim 100$ 中不能被 7 整除的数。

解题思路:在循环中判断循环变量 i 是否能被 7 整除,如果是,则执行 continue 语句,跳过循环体中尚未执行的语句,接着进行下一次是否执行循环的判定;如果不是,则输出 i,进行下一次是否执行循环的判定。流程图如图 4.8 所示。

程序代码如下:

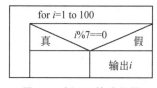

图 4.8 例 4.5 的流程图

4-5.mp4

```
#include <stdio.h>
int main()
{
    int i;
    for (i=1;i<=100;i++)
    {
```

```
        if (i%7==0)
            continue;
        printf("%d\n",i);
    }
    return 0;
}
```

程序运行结果如下：

```
1 2 3 4 5 6 8 9 10 11 12 13 15 16 17 18 19 20 22 23 24 25 26 27 29 30 31 32 33 34 36 37 38 39 40
41 43 44 45 46 47 48 50 51 52 53 54 55 57 58 59 60 61 62 64 65 66 67 68 69 71 72 73 74 75 76
78 79 80 81 82 83 85 86 87 88 89 90 92 93 94 95 96 97 99 100
```

说明：当 i 被 7 整除时，执行 continue 语句，结束本次循环，即跳过后面的 printf() 语句，转去执行 i++，然后判断 i<=100 是否成立。只有 i 不能被 7 整除时，才执行 printf() 函数，输出 i。

break 语句和 continue 语句的区别是，break 语句直接终止本层循环。而 continue 语句只是终止本次循环，并继续判断是否要进行下一次循环。

例 4.6 编程分段统计考生人数。

解题思路：题目要求对输入的成绩按照 60 分以下、60～69 分、70～79 分、80～89 分、90

4-6.mp4

分以上进行分段统计。程序利用循环结构实现对考生分数的依次输入和处理。对输入的成绩，程序首先除以整数 10，其结果是与成绩的十位数相对应的值，然后用 switch 语句对此结果进行分段统计（即相应分数段计数器数值加 1），输入的成绩如果小于 0 或大于 100，则执行最后一个 case 语句并显示"错误"。处理完成后程序又请求输入下一个成绩并同样进行处理，直到输入一个 -1 结束统计并输出统计结果。其流程图如图 4.9 所示。

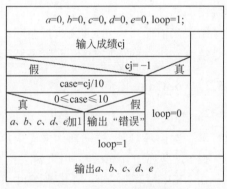

图 4.9　例 4.6 的流程图

程序代码如下：

```
#include <stdio.h>
int main()
{
    int cj,a=0,b=0,c=0,d=0,e=0,loop=1;
    printf("输入-1结束程序并输出统计结果!\n");
    do
    {
        printf("请输入成绩(0～100): ");
        scanf("%d",&cj);
        if (cj==-1) loop=0;
        else
        {
```

```
                switch(cj/10)
                {
                    case 0:
                    case 1:
                    case 2:
                    case 3:
                    case 4:
                    case 5: a=a+1; break;
                    case 6: b=b+1; break;
                    case 7: c=c+1; break;
                    case 8: d=d+1; break;
                    case 9:
                    case 10: e=e+1; break;
                    default: printf("错误\n");
                }
        }
    } while (loop==1);
    printf("\n      60分以下: %d\n",a);
    printf("60～69分:       %d\n",b);
    printf("70～79分:       %d\n",c);
    printf("80～89分:       %d\n",d);
    printf("     90分以上:  %d\n",e);
    return 0;
}
```

程序运行结果：（略）。

例 4.7　编程计算 $\sin(x)$ 的近似值。

解题思路：由数学知识可知，$\sin(x)$ 可以表示成一个关于 x 的多项式：

$$\sin(x) = x - x^3/3! + x^5/5! + \cdots + (-1)^{n+1} x^{2n+1}/(2n+1)!$$

这个多项式从第 2 项开始，设符号位是 sign，n 是自然数序列，步长为 2，若前一项为 $\text{sign}(x^n/n!)$，则其后一项为 $-\text{sign}(x^n/n!) \cdot x \cdot x \cdot (n+1) \cdot (n+2)$。

因此，可以用一个循环对 $\sin(x)$ 多项式中的各项依次计算并求和，直到某一项的绝对值小于某一精度（如 0.000001）时为止。

最后，作为对比，程序将计算的值与直接调用系统函数得到的值一起输出。

流程图如图 4.10 所示。

程序代码如下：

4-7.mp4

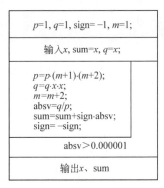

图 4.10　例 4.7 的流程图

```
#include <stdio.h>
#include <math.h>
int main()
{
    float x,sum,p=1,q=1,absv,sign=-1;
    int m=1;
```

```
    printf("请输入 x(弧度值)：");
    scanf("%f",&x);
    sum=x;
    q=x;
    do
    {
        p=p*(m+1)*(m+2);
        q=q*x*x;
        m=m+2;
        absv=q/p;
        sum=sum+sign*absv;
        sign=-sign;
    }while (absv>0.000001);
    printf(" sin(%f)=%f\n",x,sum);
    printf("系统函数值：%f\n",sin(x));
    return 0;
}
```

程序运行结果如下：

```
请输入 x(弧度值)：2↙
sin(2.000000)=0.909297
系统函数值：0.909297
```

例 4.8　编程统计 100～999 的所有"水仙花"个数。

解题思路：所谓水仙花数，是指一个三位数，其各位数字的立方和恰好等于该数本身。例如 $371=3^3+7^3+1^3$，所以 371 是水仙花数。编程时首先要判断一个数是否是水仙花数，然后利用一个循环对 100～999 所有的水仙花数的个数进行统计。流程图如图 4.11 所示。

4-8.mp4

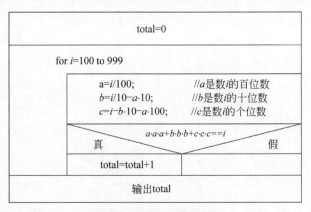

图 4.11　例 4.8 流程图

方法 1 的程序代码如下：

```
#include <stdio.h>
int main()
{
```

```
    int i,a,b,c,total=0;
    for (i=100;i<=999;i++)
    {
        a=i/100;                          //a 是数 i 的百位数
        b=i/10-a*10;                      //b 是数 i 的十位数
        c=i-b*10-a*100;                   //c 是数 i 的个位数
        if (a*a*a+b*b*b+c*c*c==i)
            total=total+1;
    }
    printf("total=%d\n",total);
    return 0;
}
```

方法 1 的程序运行结果如下：

```
total=4
```

思考：方法 1 是通过分解提取指定数的个位、十位、百位数进而判断它是否是水仙花数。实际上还可以采用合成的方法。对于给定的 3 个正整数 a、b、c，可以构成一个三位数 $100a+10b+c$。当 a 从 1 变到 9，b 和 c 从 0 变到 9 时，$100a+10b+c$ 就遍历了 100～999。据此得到另一种解答。

方法 2 的程序代码如下：

```
#include <stdio.h>
int main()
{
    int a,b,c,total=0;
    for (a=1;a<=9;a++)
        for (b=0;b<=9;b++)
            for (c=0;c<=9;c++)
                if (a*a*a+b*b*b+c*c*c==a*100+b*10+c)
                    total=total+1;
    printf(" total=%d\n",total);
    return 0;
}
```

方法 2 的程序运行结果如下：

```
total=4
```

例 4.9 编程输出 100～200 中所有的素数。

解题思路：程序需要用到两个循环：外循环用以穷举 101～199 的奇数（因为素数不可能为偶数）并对找出的素数求积；内循环用以判断给定的数是否是素数。由数学知识可知，若一个正整数 i 不能被 2 到 $\mathrm{sqrt}(i)$ 中任何整数整除，则 i 为素数。流程图如图 4.12 所示。

4-9.mp4

方法 1 的程序代码如下：

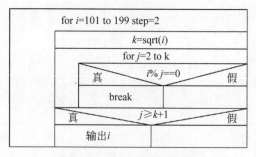

for *i*=101 to 199 step=2		
k=sqrt(*i*)		
for *j*=2 to k		
真	*i*%*j*==0	假
	break	
真	*j*≥*k*+1	假
输出*i*		

图 4.12 例 4.9 的流程图

```
#include <stdio.h>
#include <math.h>
int main()
{
    int i,j,k;
    for (i=101;i<=199;i+=2)                        //素数必是奇数
    {
        k=sqrt(i);
        for (j=2;j<=k;j++)
            if (i%j==0)
                break;
        if (j>=k+1)
            printf("%d ",i);
    }
    return 0;
}
```

方法 1 的程序运行结果如下：

101 103 107 109 113 127 131 137 139 149 151 157 163 167 173 179 181 191 193 197 199

方法 1 的程序在执行时，需要调用 math.h 库文件的 sqrt()函数，如果不调用 math.h 库，还可以通过计算循环变量的平方实现控制除数的目的。

方法 2 的程序代码如下：

```
#include <stdio.h>
int main()
{
    int i,j;
    for(i=101;i<=199;i+=2)                         //素数必是奇数
    {
        for (j=2;j*j<=i;j++)
            if (i%j==0)
                break;
        if (j*j>=i)                                //i 是素数
            printf("%d ",i);
    }
```

```
    return 0;
}
```

方法 2 的程序运行结果与例 4.12 完全相同。

例 4.10 sum = 1!＋2!＋3!＋5!,计算 sum 的值。

解题思路：程序的核心部分是两个嵌套的 for 循环：内部 for 循环语句求出给定数 i 的阶乘；外部 for 循环对 1、2、3、4、5 的阶乘求和；而 if 语句的作用是在循环求和的过程中剔除 4 的阶乘。程序流程图如图 4.13 所示。

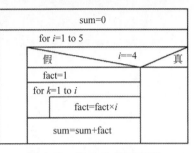

图 4.13 例 4.10 的流程图

程序代码如下：

```
#include <stdio.h>
int main()
{
    int i,k;
    float fact,sum=0;
    for (i=1;i<=5;i++)                      //对 1~5 的阶乘求和
    {
        if (i==4) continue;                 //剔除 4 的阶乘
        for (fact=1,k=1;k<=i;k++)           //计算 i!
            fact=fact*k;
        sum=sum+fact;
    }
    printf("1!+2!+3!+5!=%.0f\n",sum);
    return 0;
}
```

程序运行结果如下：

```
1!+2!+3!+5!=129
```

本 章 小 结

本章主要介绍了 C 语言的循环控制结构。

C 语言提供了 3 种循环控制语句：while 语句、do…while 语句、for 语句。3 种语句都由相似的 3 部分组成：进入循环的条件、循环体、退出循环的条件；完成的功能也类似。所不同的只是三者进入与退出循环的方式不同。3 种循环语句可以相互代替且都可以使用 break 和 continue 语句限定循环转向。while 语句和 for 语句是先判断条件、后执行循环体；do…while 语句是先执行循环体,后判断条件。for 语句功能最强,可以完全取代 while 语句和 do…while 语句。

习　题　4

一、单选题

1. 与下面程序段等价的是(　　　)。

```
while (a)
{
    if (b) continue;
    c;
}
```

    A. while (a) { if (! b) c;}　　　　　　B. while (c) { if (! b) break; c;}

    C. while (c) { if (b) c;}　　　　　　　D. while (a){ if (b) break; c;}

2. 已知 i、s 均为整型变量,s 的初值为 0,执行程序段

```
for (i=1; i<=6; i++)
{
    if (i%2==0)
        continue;
        s+=i;
}
```

后,s 的值是(　　　)。

    A. 6　　　　　　　　B. 9　　　　　　　　C. 12　　　　　　　D. 21

3. 与程序段

```
for (n=100;n<=200;n++)
{
    if (n%3==0)
        continue;
    printf("%4d",n);
}
```

等价的是(　　　)。

    A. for (n=100;(n%3)&&n<=200;n++)　printf("%4d",n);

    B. for (n=100;(n%3)||n<=200;n++)　printf("%4d",n);

    C. for (n=100;n<=200;n++)　if (n%3!=0) printf("%4d",n);

    D. for (n=100;n<=200;n++){ if (n%3==0) printf("%4d",n);

       else continue;break;}

4. 已知 i、n 均为整型变量,循环语句

```
for (i=0; i<n; i++)
    s;
```

中循环体 S 被执行的次数为(　　)。

    A. 1　　　　　　　　B. n−1　　　　　　C. n　　　　　　　　D. n+1

5. 程序段

```
for (t=1;t<=100;t++)
{
    scanf("%d",&x);
    if (x<0
        continue;
    printf("%3d",t);
}
```

的执行情况是(　　)。

    A. 当 x<0 时整个循环结束

    B. x>=0 时什么也不输出

    C. printf()函数永远也不执行

    D. 最多允许输出 100 个非负整数

6. 现已定义整型变量

```
int i=1;
```

执行循环语句

```
while (i++<5);
```

后,i 的值为(　　)。

    A. 1　　　　　　　　　　　　　　　B. 5

    C. 6　　　　　　　　　　　　　　　D. 以上 3 个答案均不正确

7. 已知 i、j、k 为 int 型变量,若从键盘输入:1,2,3<回车>,使 i 的值为 1、j 的值为 2、k 的值为 3,以下选项中正确的输入语句是(　　)。

    A. scanf("%2d%2d%2d",&i,&j,&k);

    B. scanf("%d %d %d",&i,&j,&k);

    C. scanf("%d,%d,%d",&i,&j,&k);

    D. scanf("i=%d,j=%d,k=%d",&i,&j,&k);

8. 若有以下定义和语句:

```
char c1='b',c2='e';
printf("%d,%c\n",c2-c1,c2-'a'+'A');
```

则输出结果是(　　)。

    A. 2,M

    B. 3,E

    C. 2,E

    D. 输出项与对应的格式控制不一致,输出结果不确定

二、简答题

1. 怎样区分表达式和语句？

2. 比较 break 语句与 continue 语句的不同用法。

3. 执行完下列语句后，a、b、c 这 3 个变量的值分别为多少？

```
a=30;
b=a++;
c=++a;
```

4. 在一个 for 循环中，可以初始化多个变量吗？如何实现？

5. 执行完下列语句后，n 的值为多少？

```
int n;
for(n=0;n<100;n++)
```

6. 运行下列程序，写出运行结果。

```
#include <stdio.h>
int main( )
{
    int s=0,k;
    for (k=7;k>=0;k--)
    {
        switch(k)
        {
            case 1:
            case 4:
            case 7:s++;break;
            case 2:
            case 3:
            case 6:break;
            case 0:
            case 5:s+=2;break;
        }
    }
    printf("s=%d\n", s );
    return 0;
}
```

三、编程题

1. 用二分法求方程 $2x^3-4x^2+3x-6=0$ 在区间 $[-10,10]$ 的根，保留 4 位小数。

2. 有 1、2、3、4 个数字，能组成多少个互不相同且无重复数字的三位数？并输出这些数据。运行结果如下：

```
123
124
...
```

```
432
总计:24
```

3. 编程求从键盘上输入的 10 个整数中所有正数之和。运行结果如下：

```
输入 10 个整数:1 2 3 4 5 0 -1 -2 10 0↙
所有正数的和:25
```

4. 编写程序输出以下图案。

```
   *
  ***
 *****
*******
 *****
  ***
   *
```

5. 100 元钱买 100 只鸡。公鸡 5 元一只,母鸡 3 元一只,小鸡 1 元 3 只,输出所有的购买方案。运行结果如下(用制表符\t 输出):

```
公鸡      母鸡      小鸡
0        25       75
3        20       77
…
12       4        84
```

6. 输出 9×9 乘法表。运行结果如下：

```
1×1=1 1×2=2 …1×9=9
2×1=1 2×2=4 …2×9=18
…
9×1=9 9×2=18 …9×9=81
```

第 5 章　数　　组

5-0.mp4

前面已经学习了各种不同的数据类型,例如整型、实型、字符型、指针型,尽管这些类型在内存中所占的存储单元长度不同,但都只能表示一个大小或精度不同的数值,每一个值是不能分解的。而在实际应用中,常常要遇到要处理相同类型的成批相关数据的情况。程序设计语言为组织这类数据提供了一种有效的类型——数组。

本章将介绍数组的概念和基本应用。

5.1　一　维　数　组

数组是由一定数目的同类元素顺序排列而成的数据集合。在计算机中,一个数组在内存占有一片连续的存储区域,C 语言的数组名就是这块存储空间的首地址。数组的每个元素用下标变量标识,数组要求先定义后使用。

5.1.1　一维数组的定义、初始化

1. 一维数组的定义

定义一维数组的格式如下:

> 类型 标识符[表达式];

其中,“类型”指定了数组中每个元素的数据类型,“标识符”是用户自定义的数组名,代表数组的首地址;“[ ]”是数组类型符,用以说明“标识符”的类型;“表达式”为整型表达式,用于指定数组元素的个数,即数组的长度。一维数组只有一个下标表达式。

例如,如果存储 100 个学生的成绩,且成绩为实型数据,则数组定义如下:

> float scores[100];

Dev-C++ 的数组下标从 0 开始。长度为 N 的数组,下标为 $0 \sim N-1$,注意“[ ]”中的整型表达式只表示数组元素的个数。数组 scores 中的元素与下标的对应关系如图 5.1 所示。

在定义数组时需要注意,数据类型必须是已经定义的,下标表达式应当有确定的整数值,不能为实型表达式。

在 Dev-C++ 中,允许定义数组时下标为整型变量,但这个整型变量必须已经赋值。例如:

```
int n;
scanf("%d",&n);
int a[n];
```

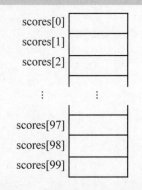

图 5.1　一维数组 scores 中元素与下标的对应关系

2. 一维数组的初始化

一维数组元素的初始化可以用下列方式表示。

(1) 在定义数组时,初始化数组元素。例如:

```
float c[5]={2,5,3.5,10.9,6};
```

是将数组 c 初始化后 $c[0]=2,c[1]=5,c[2]=3.5,c[3]=10.9,c[4]=6$。

(2) 可以只给数组的一部分元素赋值。例如:

```
int d[5]={0,1,3};
```

是将数组 d 有 5 个元素,经过初始化后,$d[0]=0,d[1]=1,d[2]=3$,后面没有赋值的两个数组元素 $d[3]$ 和 $d[4]$ 的值为 0。

(3) 在对数组元素赋初值时,可以不指定数组的长度。例如:

```
double scores[]={11,12,13,14,15};
```

的"{ }"内共有 5 个值,所以数组 scores 默认有 5 个元素。

另外,在给数组初始化时,"{ }"内数据的个数一定不能超过数组的长度。

(4) 数组元素在定义时确定后,如果在使用时下标超出了定义时的数组长度,称为越界访问,将会产生很严重的错误。例如:

```
#include <stdio.h>
int main()
{
    int a[4]={1,2,3,4};
    int b=12;
    a[4]=6;
    printf("%d,%d\n",b,a[4]);
    return 0;
}
```

的运行结果为

```
6,6
```

可以看出,数组 a 的最大下标元素应为 $a[3]$,代码中的 $a[4]$ 实际为越界访问,在程序中 $a[4]$ 的数据覆盖了前面的变量 b,导致最后输出的 b 和 $a[4]$ 均为 6。

5.1.2 数组元素的引用及基本操作

一个数组变量定义后,就可以对数组元素进行引用。C 语言提供两种方式访问数组:下标方式和指针方式。下面先介绍用下标方式访问数组,指针方式在后面的章节介绍。

1. 数组元素的引用

下标方式引用数组元素的形式如下:

数组名[下标]

下标可以是整型常量或整型表达式。例如,若定义一个数组 int f[17],则

```
f[2]=f[6]+f[12]-f[3*5]
```

其中,f[3*5]指的就是该数组中的第 16 个元素。

2. 数组元素的基本操作

经常会在程序中成批地处理数组元素。利用下标方式引用数组元素可以在程序运行时动态计算,灵活地控制访问元素。例如,可以通过循环来控制数组中不同元素的引用。

```
int b[10];
int i;
for (i=0;i<10;i++)
    scanf("%d",b[i]);
```

C 语言编译器不会对数组元素的下标表达式作范围检查,所以在编程时要注意不要超界,否则可能会引起意想不到的错误。例如在上面的程序中把条件改为"i<=10",即

```
for (i=0;i<=10;i++)
    printf("%d ",b[i]);
```

当 i=10 时,继续执行循环体,这时输出的是内存中 b[9]后面一个字的内容,而不是数组 b 中 10 个元素的值。

例 5.1 职工号为 1~10 的 10 位职工的基本工资依次为 412、525、436、352、545、398、560、410、570、380。要求编写程序找出其中的最高工资及最高工资职工的职工号。

5-1.mp4

pay[ ]赋值 max=pay[0]
for *i*=1 to 10
真   pay[*i*]>max   假
max=pay[*i*] max_index=*i*
输出max、max_index

图 5.2 例 5.1 的流程图

分析:定义数组 pay 保存 10 位职工的基本工资,max 保存最大值,处理每一个数组元素,判断该数组元素是否大于 max,如果大于 max,将该数组元素赋值给 max,当所有数组元素都处理完毕后,max 中存储的就是最高工资,当然还需要另一个变量 max_index 来保存最高工资所对应的职工号,而且 max 的初始值应当是第 1 位职工的基本工资。其流程图如图 5.2 所示。

程序代码如下:

```
#include <stdio.h>
int main()
{
    int pay[10]={412,525,436,352,545,398,560,410,570,380};
    int max,max_index,i;
    max=pay[0];
    max_index=0;
```

```
    for (i=1;i<10;i++)
    {
        if (pay[i]>max)
        {
            max=pay[i];
            max_index=i;
        }
    }
    printf( "10 位职工的工资：");
    for (i=0;i<10;i++)
    {
        printf("%d ",pay[i]);
    }
    printf("\n 最高工资：%d",max);
    printf("\n 该职工的职工号为%d\n",max_index+1);
    return 0;
}
```

程序运行结果如下：

```
10 位职工的工资：412 525 436 352 545 398 560 410 570 380
最高工资：570
该职工的职工号为 9
```

思考：如果把该程序改为求出职工的最低工资，应该如何修改呢？

例 5.2　编程用"冒泡法"对 10 个数进行排序。

解题思路：把数组元素按各自值的大小进行整理，数组元素值按从小到大（或从大到小）的顺序重新存放的过程称为数组排序。排序问题是计算机学科中的典型问题，已研制出许多有效的排序算法。冒泡法排序的思想是对数组作多次比较调整遍历，每次遍历是对遍历范围内的相邻两个数作比较和调整，将小的数调到前面，大的数调到后面（设从小到大排序）。定义 int $a[10]$ 存放从键盘输入的 10 个数。对数组 a 中的 10 个数用冒泡法排序步骤为，第 1 次遍历是 $a[0]$ 与 $a[1]$ 比较，如果 $a[0]$ 比 $a[1]$ 大，则 $a[0]$ 与 $a[1]$ 互相交换位置；第 2 次是 $a[1]$ 与 $a[2]$ 比较，如果 $a[2]$ 比 $a[3]$ 大，则 $a[2]$ 与 $a[3]$ 互相交换位置……第 9 次是 $a[8]$ 与 $a[9]$ 进行比较；如果 $a[8]$ 比 $a[9]$ 大，则 $a[8]$ 与 $a[9]$ 互相交换位置。第一次遍历结束后，使得数组中的最大数被调整到 $a[9]$。第 2 次遍历和第 1 次遍历类似，只不过因为第 1 次遍历已经把最大数放到 $a[9]$ 中，第 2 次遍历只需要比较 8 次，第 2 次遍历结束时，最大数放于 $a[8]$ 中……直到所有的数按从小到大的顺序排列。其流程图如图 5.3 所示。

程序代码如下：

```
#include <stdio.h>
int main()
{
    int a[10]={22,33,11,23,45,62,34,62,71,
        30};
```

5-2.mp4

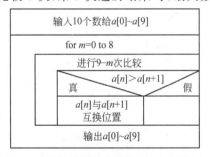

图 5.3　冒泡法排序的流程图（由小到大）

```
    int m,n,t;
    for (m=0;m<9;m++)
    {
        for (n=0;n<9-m;n++)
            if (a[n]>a[n+1])
            {   t=a[n];
                a[n]=a[n+1];
                a[n+1]=t;
            }
    }
    printf("排序后的 10 个数是\n");
    for (n=0;n<10;n++)
        printf("%d ",a[n]);
    return 0;
}
```

程序运行结果如下：

```
排序后的 10 个数是
11 22 23 30 33 34 45 62 62 71
```

例 5.3 编程输出 Fibonacci 数列前 20 项的值。

分析：Fibonacci 数列的特点是开头 2 项都是 1，以后的每一项都等于前两项之和，即 1、1、2、3、5……定义一维数组 f[21] 来保存数列的前 20 项，从下标 1 开始使用，开头两项在定义时初始化。从第 3 项开始，每一项都是前两项的和，求出前 20 项，分别存入数组中相应位置。流程图如图 5.4 所示。

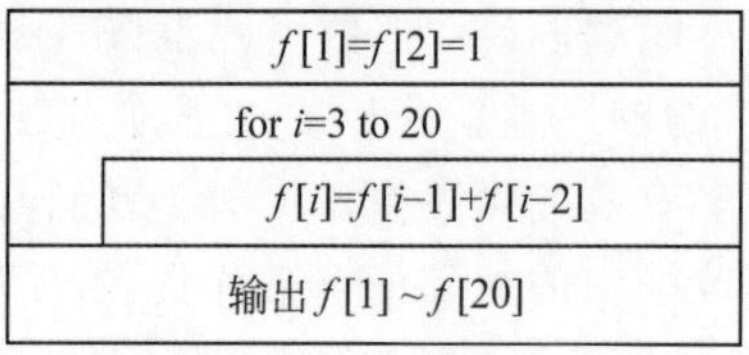

程序代码如下：

```
#include <stdio.h>
int main()
{
    int f[21],i;
    f[1]=f[2]=1;
    for (i=3; i<=20; i++)
        f[i]=f[i-1]+f[i-2];
    printf("数列的前 20 项为\n");
    for (i=1; i<=20; i++)
        printf("%2d--->%4d\n",i,f[i]);
    return 0;
}
```

$f[1]=f[2]=1$		
for i=3 to 20		
	$f[i]=f[i-1]+f[i-2]$	
输出 $f[1]\sim f[20]$		

图 5.4　例 5.3 的流程图

程序运行结果如下：

```
数列的前 20 项为
1---->      1
2---->      1
3---->      2
```

```
4--->       3
5--->       5
6--->       8
7--->      13
8--->      21
9--->      34
10--->      55
11--->      89
12--->     144
13--->     233
14--->     377
15--->     610
16--->     987
17--->1597
18--->2584
19--->4181
20--->6765
```

5.2　二　维　数　组

数组是组织在一起的一批同类型变量,在程序中可以使用数组名和下标来引用其中的任何一个元素。例如,100个职工的基本工资可以用数组 f[100]来存放,在程序中能方便地用 f[100]来存取第 i 位职工的工资。如果这批职工的工资构成除了基本工资,还有职务工资、津贴等,又该如何来存放这些职工的工资呢。本节引入二维数组的概念,利用它可以在程序中方便地处理任何一位职工的工资。

5.2.1　二维数组的定义、初始化

1.二维数组的定义

二维数组定义的格式如下:

类型　标识符[常量表达式 1][常量表达式 2];

其中,"常量表达式 1"用于指定数组第一维的长度,"常量表达式 2"用于指定数组第二维的长度,即每行的元素个数。另外,二维数组对应于一个数学中的矩阵,第一维是行数,第二维是列数。二维数组在实际应用中最为普遍。

例如:

```
int b[6][7] ;           //6行 7 列的整型数组
char c[50][50] ;        //50行 50 列的字符型数组
```

如图 5.5 所示,数组 a 可以看成一个有 3 个元素的一维数组,每个元素是长度为 4 的一维实型数组。因此数组 a 可分解为 3 个一维数组,即 a[0]、a[1]、a[2]。每个一维数组又含有 4 个元素。例如 a[0]数组,含有 a[0][0]、a[0][1]、a[0][2]、a[0][3]这 4 个元素,C 语言的二维数组在内存中以先行后列存储的,存放次序是 a[0][0]、a[0][1]、a[0][2]、

$a[0][3]$、…、$a[2][2]$、$a[2][3]$。

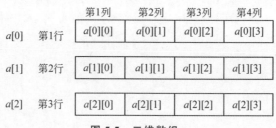

图 5.5　二维数组 a

2. 二维数组的初始化

二维数组初始化的方法与一维数组相似,可以用下面的方法对二维数组初始化。

（1）分行给二维数组赋初值,但每行都用"{}"括起来,例如:

```
int a[2][2]={{1,3},{8,6}};
```

（2）将所有数据写在"{}"内,按数组排列的顺序对各元素赋初值,例如:

```
int b[4][3]={3,6,2,7,1,9,10,4,11,21,9,4};
```

是按照数组元素下标的排列顺序,依次对 $b[0][0]$、$b[0][1]$、…、$b[3][1]$、$b[3][2]$这 12 个数组元素赋值。

（3）可以对部分数组元素赋值。例如:

```
int[4][3]={{3},{9},{4},{7}};
```

的作用是对各行第一列的元素赋初值,其他元素值自动为 0。

利用初始化的赋值表,可以省略二维数组的行数,由实际数据决定,例如:

```
int a[][2]={{1,3},{8,6}};
```

5.2.2　数组元素的引用及基本操作

二维数组元素的表示形式如下:

```
数组名[下标 1][下标 2]
```

例如 $a[3][4]$表示数组 a 中第 4 行第 5 列的元素。

下标可以是整型表达式,如 $a[3+4][3*4]$。数组元素可以出现在表达式中,也可以被赋值,例如:

```
a[3][1]=9;
a[3][1]=b[4][3];
```

如果定义 a 为 3 行 4 列的数组,它可用的行下标的值最大为 2,列下标的值最大为 3。

如果用 a[4][5]就超过了数组的范围。

例 5.4 输入和输出一个 3 行 4 列的二维数组。

解题思路：定义二维数组 a[3][4]，注意在输入时，考虑到正常实际应用中没有 0 行和 0 列，因此将数组元素所对应的行数和列数分别加 1。

程序代码如下：

5-4.mp4

```
#include <stdio.h>
int main()
{
    int a[3][4];
    int i,j;
    for (i=0;i<3;i++)
        for (j=0;j<4;j++)
        {
            printf("请输入第 %d 行第 %d 列的元素: ",i+1,j+1);
            scanf("%d",&a[i][j]);
        }
    printf("二维数组的元素是\n");
    for (i=0;i<3;i++)
    {
        for (j=0;j<4;j++)
            printf("%d ",a[i][j]);
        printf("\n");
    }
    return 0;
}
```

程序运行结果略。

例 5.5 编程实现两个矩阵求和运算功能。

解题思路：矩阵是数学中一个重要概念，也是实际工作中处理线性经济模型的重要工具。矩阵由 $m \times n$ 全数排成的 m 行、n 列的数表，简称 $m \times n$ 矩阵。在实际应用中，通常用一个 m 行 n 列的二维数组来表示矩阵。定义两个 3 行 3 列的二维数组 a 和 b，分别通过循环，将两个数组中对应元素相加后赋予第三个二维数组 c，并输出数组 c。流程图如图 5.6 所示。

程序代码如下：

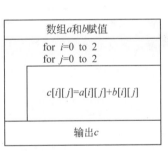

图 5.6 例 5.5 的流程图

5-5.mp4

```
#include <stdio.h>
int main()
{
    int a[3][3]={{6,8,10},{5,3,4},{7,9,10}};
    int b[3][3]={{3,9,1},{12,6,8},{6,21,14}};
    int c[3][3];
    int i,j;
    for (i=0;i<=2;i++)
        for (j=0;j<=2;j++)
```

```
            c[i][j]=a[i][j]+b[i][j];
    printf("两个矩阵的和为\n");
    for (i=0;i<=2;i++)
    {
        for (j=0;j<=2;j++)
            printf("%d\t",c[i][j]);
        printf("\n");
    }
    return 0;
}
```

程序运行结果如下：

两个矩阵的和为		
9	17	11
17	9	12
13	30	24

注意：该程序定义一个新的 3 行 3 列的数组 c，将两个矩阵的和存放到新的数组 c，也可以将两个矩阵对应元素的和直接计算出来。

思考：该题目是直接通过赋初值的方式定义两个矩阵，若将该程序改为从键盘分别输入两个矩阵的值，应该如何修改呢？

例 5.6　用筛选法计算小于 100 的素数。

解题思路：利用循环对数组 $a[2]$~$a[100]$赋值 2~100。从 2 开始，从 3 开始往后，筛去所有 2 的倍数（除了 2 本身），标记为 0；再从 3 开始往后，筛去所有 3 的倍数（除了 3 本身），然后是 5 的倍数、7 的倍数等，以此类推，直到筛选到 sqrt(100)=10 为止。这样，所有未被筛去的数都是素数。流程图如图 5.7 所示。

5-6.mp4

程序代码如下：

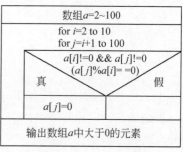

图 5.7　例 5.6 的流程图

```
#include <stdio.h>
int main()
{
    int i,j,a[101];
    for (i=2;i<=100;i++)
        a[i]=i;
    for (i=2;i<10;i++)                      //10=sqrt(100)
        for (j=i+1;j<=100;j++)              //从 3 开始，到 100 结束
            if (a[i]!=0 && a[j]!=0)         //已经筛除的不再计算
                if (a[j]%a[i]==0)
                    a[j]=0;
    for (i=2;i<=100;i++)
        if (a[i]!=0)
            printf("%4d",a[i]);
    return 0;
}
```

程序运行结果如下：

```
2   3   5   7   11  13  17  19  23  29 … 89  97
```

例 5.7　编程显示杨辉三角形前 10 行。

解题思路：杨辉三角形是由二项展开式的系数所排成的三角形。其特点是三角形边界上的数都是 1，即杨辉三角形每行的第一个数和最后一个数均为 1，除第一行外，每行中间的各数等于上一行位于该数左上方和正上方的两数之和。它表示二项式 $(a+b)$ 的乘方，所得结果的各项依次排列的系数。

5-7.mp4

例如：

$(a+b)^1=a+b$ 的两项的系数是 1 和 1；

$(a+b)^2=a^2+2ab+b^2$ 的三项系数依次是 1、2、1；

$(a+b)^3=a^3+3a^2b+3ab^2+b^3$ 的 4 项系数依次 1、3、3、1；

…

二项展开式的系数对应"杨辉三角形"上的每一行的数字，定义 $a[10][10]$ 存储杨辉三角形的各个数，i 作为行的下标，j 作为列的下标，先把杨辉三角形边界上所对应数组中的元素赋值为 1，在计算杨辉三角形内部的元素时，由于各数等于上一行位于该数左上方和正上方的两数之和，即用 $a[i][j]=a[i-1][j-1]+a[i-1][j]$ 来求出三角形的第 i 行 j 列上的元素，最后输出杨辉三角形上的每个元素的值。该程序分为如下步骤。

（1）杨辉三角形边界上的元素下标分别为 $a[i][0]$、$a[i][i]$，将边界上的数赋初值为 1。

（2）利用 $a[i][j]=a[i-1][j-1]+a[i-1][j]$，计算杨辉三角形内部每个元素的值，做这一步时要注意并不需要把数组每个元素的值都按这个规则计算出来，对于 10 行的杨辉三角形，从第 3 行开始计算，第 3 行计算 1 个值，下标为 $a[2][1]$，第 4 行计算 2 个值，下标分别为 $a[3][1]$、$a[3][2]$……所以要注意外部循环和内部循环的次数。

（3）将计算过的数组元素按杨辉三角形的模式输出，要注意每行输出元素的个数并非为所有数组元素。

程序流程图如图 5.8 所示。

程序代码如下：

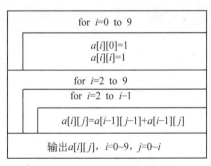

图 5.8　例 5.7 的流程图

```c
#include <stdio.h>
int main()
{
    int i,j;
    int a[10][10];
    printf("\n");
    for (i=0;i<10;i++)
```

```
    {
        a[i][0]=1;
        a[i][i]=1;
    }
    for (i=2;i<10;i++)
        for (j=1;j<i;j++)
            a[i][j]=a[i-1][j-1]+a[i-1][j];
    for (i=0;i<10;i++)
    {
        for (j=0;j<=i;j++)
            printf("%4d",a[i][j]);
        printf("\n");
    }
    return 0;
}
```

程序运行结果如下：

```
1
1   1
1   2   1
1   3   3   1
1   4   6   4   1
1   5   10  10   5   1
...
```

5.3 字 符 串

字符是程序经常处理的数据,在计算机中以 ASCII 码的形式存放,每个字符占 1 字节。对于一个语言系统,字符串是指若干有效字符的序列。字符串常量是由"" ""括起的字符序列。例如:

```
"a+b=100"
"student"
"  "
```

都是合法的字符串,需要注意的是,由空格组成的字符串不是空串,因为空格也是字符。

5.3.1 字符数组

1. 字符数组的定义与初始化
字符数组的定义方法与前面相似。例如,可用

```
char c[5];
```

对字符数组进行初始化,可以利用

```
char c[5]={ 'H','e','l', 'l', 'o'};
```

给数组中各元素赋初值。当前定义 c 为字符型数组，包含 5 个元素，在赋值后，数组 c 中的数据如图 5.9 所示。

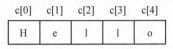

c[0]	c[1]	c[2]	c[3]	c[4]
H	e	l	l	o

图 5.9　字符型数组 c 中的数据

如果提供的初值个数与预定的数组长度相同，在定义时可以省略数组长度，系统会自动根据初值个数确定数组长度。例如：

```
char c2[]={ 'H','e','l', 'l', 'o'};
```

数组 c2 的长度自动定为 5。用这种方式可以不必人工计算字符的个数，尤其在赋初值的字符个数较多时，比较方便。

也可以定义和初始化一个二维字符数组，例如：

```
char name[5][10]={{ 'l','i','u'},{'l','i'},{'d','i','n','g'},{'f','a','n','g'},
    {'y','a','n','g'}};
```

2. 字符串和字符串结束标志

在 C 语言中，一般将字符串作为字符数组来存放，但是字符数组元素的个数并不一定和字符串中字符的个数相等，人们关心的是有效字符串的长度而不是字符数组的长度。为了测试字符串的实际长度，C 语言中有一个字符串结束标志，以字符'\0'表示。如果有一个字符串，其中第 10 个字符为'\0'，则该字符串的有效字符为 9 个。

系统对字符串常量会自动加一个'\0'作为结束符，例如"Hello"共有 5 个字符，但在内存中存放时占 6 字节，最后 1 字节'\0'是由系统自动加上的。

在程序中，数组内的字符串往往依靠检测'\0'的位置来判定字符串是否结束，而不是根据数组的长度来决定字符串长度。当然，在定义字符数组时应估计实际字符串长度，保证数组长度始终大于字符串的字符个数。

字符数组还可以这样初始化：

```
char c2[8]={"Hello"};
```

或者进一步可省略为

```
char c2[8]="Hello";
```

数组 c2 的初值如图 5.10 所示。

c2[0]	c2[1]	c2[2]	c2[3]	c2[4]	c2[5]	c2[6]	c2[7]
H	e	l	l	o	\0		

图 5.10　数组 c2 的初值

'\0'是指 ASCII 码值为 0 的字符，它不是一个普通的可显示字符，而是代表"空操作"的标记。'\0'可以用赋值方式赋给字符数组的元素。只有一个'\0'的字符数组虽然没有可显示字符，但仍然占有一个存储单元。在进行初始化时，会自动地在最后一个字符后面加上一个'\0'作为字符串的结束符。由于字符串的长度在程序的运行过程中允许发生变化，且 C++要依靠结束符'\0'来判断字符串的结束，所以声明数组时必须留出结束符'\0'的位置。

与整型、实型数组的初始化不同，声明数组时在"[]"中指定了元素个数后，初始化的字符串可以是没有字符的空串，即

```
char c3[10]="";
```

5-8.mp4

例 5.8 输入一个字符串，计算并输出该字符串的长度。

解题思路：可以定义一个字符数组 $c[256]$ 存放要输入的字符串，还需要定义一个整型变量 clen 存放该字符串的长度，程序需定义循环变量 i 作为数组的下标，当 $c[i]$ 的值为'\0'时，说明字符串结束，退出循环，否则字符串的长度 clen 加 1。最后输出 clen 的值。其流程图如图 5.11 所示。

程序代码如下：

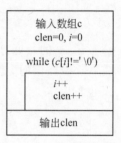

图 5.11 例 5.8 的流程图

```c
#include <stdio.h>
int main()
{
    char c[256]="";
    int i,clen=0;
    printf("请输入一字符串: ");
    gets(c);                        //scanf不接收空格
    i=0;
    while (c[i]!='\0')
    {
        clen++;
        i++;
    }
    printf("字符串的长度: %d\n",clen);
}
```

程序运行结果如下：

请输入一字符串: **abc 123 +- * /↙**
字符串的长度: 12

思考：编写程序，输入一个字符串，统计其中'a'或'A'的个数。

3. 一维字符数组的输入和输出

在正常情况下，要输入或输出数组元素的值，应当逐个输入或输出每个数组元素，例如前面介绍的整型数组或实型数组。字符数组除了逐个输入或输出每个字符外，还可以将整个字符串一次输入或输出。

注意：

（1）输出的字符不包括字符串的结束符'\0'。

（2）输出字符串时,直接在 scanf() 函数或 printf() 函数中输出字符数组的名字。例如：

```
char ch[10];
scanf("%s",ch);
```

（3）如果数组长度大于字符串实际长度,字符串也只输出到'\0'为止。例如：

```
char ch[256]="Student";
printf("%s",ch);
```

虽然数组 ch 的长度为 256,但字符串的实际长度为 7,最后 1 字节存放的是'\0'。输出该字符串时,输出的是"Student"这 7 个字符,而不是输出 256 个字符,这是因为字符串结束标志'\0'的作用。

（4）如果一个字符数组包含多个'\0',输出字符串时,则碰到第一个'\0'输出就结束了,后面的字符不再输出。

（5）在写程序时,如果对字符串进行操作时,改变了字符串的实际长度,注意要人工加上字符串结束标志'\0',否则在输出该字符串时会出现乱码。

4. 二维字符数组的输入和输出

二维字符数组的每一行都可以当作一个一维字符数组使用。例如：

```
char name[9][20];
```

二维字符数组 name 有 9 行,每行都可以当作一个一维字符数组使用,即第 1 行的若干字符可用 name[0]表示,第 2 行的若干字符用 name[1]表示……第 9 行的若干字符用 name[8]表示。也就是说,如果想输入第 1 行的字符串可以使用语句：

```
scanf("%s",name[0]);
```

表示从键盘输入一个字符串,并把该字符串存入二维字符数组 name 的第 1 行。

如果想要输出二维字符数组的第 9 行,可以使用语句：

```
printf("%s",name[8]);
```

可以通过这种方式输入或输出二维字符数组的整行的字符串。

例 5.9 输入 3 个学生的姓名,依次存入二维数组中,并分别输出 3 个学生的姓名。

解题思路：先定义二维字符数组 name[3][10]作为存放 3 个学生姓名的数组,数组的每一行存放一个学生的姓名,然后通过循环变量 i 依次访问二维数组的第 1 行到第 3 行,即 name[0]、name[1]、name[2]。然后再分别输出二维字符数组的每行的姓名。

程序代码如下：

5-9.mp4

```
#include <stdio.h>
int main()
{
    char name[3][20];
    int i;
    for (i=0;i<=2;i++)
```

```
        {
            printf("请输入第 %d 个学生的姓名: ",i+1);
            scanf("%s",name[i]);
        }
        printf("这 3 个学生的姓名依次为");
        for (i=0;i<=2;i++)
            printf("%s\t", name[i]);
        printf("\n");
        return 0;
    }
```

程序运行结果如下:

```
请输入第 1 个学生的姓名: 张三↙
请输入第 2 个学生的姓名: 李四↙
请输入第 3 个学生的姓名: 王一一↙
这 3 个学生的姓名依次为张三        李四        王一一
```

注意: 在对二维字符数组进行输入或输出时, 应该使用 scanf("％s",＆a[i])或 printf("％s",a[i])这样的语句, 表示输入或输出数组整行的字符串, i 代表要输入或输出的行的下标。在二维字符数组中, 不得使用类似 scanf("％s",＆a[i][j])或 printf("％s",a[i][j])这样的语句。

5.3.2　字符串操作函数

在 C 语言的函数库中提供了一些用来处理字符串的函数, 使用方便。下面介绍一些常用的字符串处理函数的功能和使用方法。

在使用这些函数前, 在程序的开头要加上预处理命令

```
#include <string.h>
```

1. 字符串长度函数 strlen()
格式:

```
strlen(字符数组)
```

功能: strlen 是返回字符串长度的函数, 函数返回的值为"字符数组"中字符的实际长度, 不包括'\0'在内。例如:

```
char ch[10]={"English"};
printf("%d\n",strlen(ch));
```

最后的输出结果为 7, 是字符串的实际长度, 也可以直接计算字符串常量的长度, 例如:

```
printf("%d\n",strlen("English"));
```

最后的输出结果也为 7。

2. 字符串复制函数 strcpy( )

格式：

```
strcpy(字符数组,字符串 2)
```

功能：strcpy 的功能是将"字符串 2"复制到"字符数组"中。例如：

```
char str1[10],str2[10]={"English"};
strcpy(str1,str2);
```

等价于

```
strcpy(str1,"English");
```

使用该函数时,需要注意以下几点。

（1）字符数组定义的长度要比字符串 2 的长度大,否则在复制时有可能引起字符的丢失。

（2）复制时会将字符串结束标志'\0'一同复制过来。

（3）字符数组必须写成字符数组的名字,而字符串 2 可以是字符数组的名字,也可以是字符串常量。

（4）对于字符串,不能用赋值语句直接将字符串的值赋值给字符数组。例如：

```
char ch[10];
ch="English";
```

是错误的,必须使用 strcpy( )函数才能把字符串"English"赋值给字符数组 ch。

（5）对于二维字符数组 str$[i][j]$,要注意每行的字符串用数组名 str$[i]$表示。例如：

```
char name[9][20];
strcpy(name[3], "English");
```

表示将字符串"English"赋值给二维字符数组 name 的第 4 行。

```
strcpy(name[3], name[6]);
```

表示将字符数组的第 7 行复制到第 4 行中。

在使用 strcpy( )函数对字符数组进行操作时,尤其要注意一维数组和二维数组的区别。

3. 字符串比较函数 strcmp( )

格式：

```
strcmp(字符串 1,字符串 2)
```

功能：以字典顺序方式比较两个字符串是否相等。如果两个字符串完全相等,函数返回值为 0;如果字符串 1 大于字符串 2,返回一个正整数;如果字符串 1 小于字符串 2,返回一个负整数。字符串 1 和字符串 2 可以是两个字符串常量,也可以是两个字符数组名。

所谓字典顺序,就是指对两个字符串自左至右逐个按字符的 ASCII 码值大小进行比

较,直到出现不同的字符或遇到'\0'为止,与各自的长度无关。例如:

```
char ch1[10]="English";
char ch2[10]="Stu";
int a;
a=strcmp("English","Student");
printf("%d\n",a);
```

运行后的结果是-1,表示 ch1[10]< ch2[10]。

注意:如果需要比较两个字符串的大小时,不能像比较单个字符那样,用比较表达式进行比较,而必须使用 strcmp()函数,否则会引起编译错误。例如:

```
char ch1[20],ch2[20];
…
if (ch1>ch2)
    …
else if(ch1==ch2)
    …
```

这个例子中,直接对两个字符数组进行比较是错误的,必须把 ch1>ch2 修改为 strcmp(ch1,ch2)>0,而 ch1==ch2 要修改为 strcmp(ch1,ch2)==0。

4. 字符串连接函数 strcat()

格式:

```
strcat(字符数组1,字符串2)
```

功能:连接两个字符数组中的字符串,把字符串 2 中的字符串连接到字符数组 1 的后面,结果放到字符数组 1 中,函数调用后返回字符数组 1 的首地址。

在使用这个函数时,需要注意以下几点。

(1) 字符数组 1 必须是字符数组名,字符串 2 可以是字符数组名,也可以是字符串常量。例如:

```
char ch1[20],ch2[20],ch3[20];
…
strcat(ch1,ch2);
strcat(ch3,"Hello");
```

(2) 为了字符数组 1 能够容纳连接后的所有字符,在定义时要求字符数组 1 的长度大于或等于字符串 2 的长度+1。

(3) 该函数执行时,返回字符数组 1 的首地址。

5. 输入字符串函数

在 C 语言中,用 scanf()函数输入字符串,会把终端输入的空格和回车都视为字符串结束,所以在输入字符串时无法输入带空格的字符串,而 C 语言中 gets()函数能接收终端输入的空格,以回车作为结束。用户在输入字符串时需要注意这个问题。例如:

```
char ch[20];
gets (ch);
```

的运行结果如下：

```
pers onal↙
ch="pers onal"
```

6. 输出字符串函数

用 printf() 或 puts() 函数将一个字符串(以'\0'结束的字符序列)输出到终端。

例 5.10   编程查找指定字符在字符串中的位置。

解题思路：定义字符数组 ch[80]存放字符串,字符数组 $c[2]$存放一个字符,定义整数 i 作为字符串的下标参加循环,当 ch[i]==c[0]时停止,不再查找后面的数据,结束循环并输出下标值,当 ch[i]=='\0'时,说明该字符串不包含这个字符,返回"未出现"。流程图如图 5.12 所示。

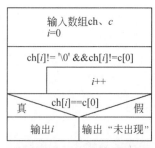

5-10.mp4

图 5.12   例 5.10 的流程图

程序代码如下：

```
#include <stdio.h>
int main()
{
    char ch[80];
    char c[2];
    int i;
    printf("请输入一个字符串(长度小于 80)：");
    scanf("%s",ch);
    printf("请输入一个字符：");
    scanf("%s",c);
    i=0;
    while (ch[i]!='\0'&&ch[i]!=c[0])
        i++;
    if (ch[i]==c[0])
        printf("该字符在数组中的下标为%d",i);
    else
        printf("未出现");
    printf("\n");
    return 0;
}
```

程序运行结果如下：

```
请输入一个字符串(长度小于 80)：abcdefg↙
请输入一个字符：d↙
该字符在数组中的下标为 3
```

注意：编写程序时要注意,当 ch[i]==c[0]时,就可以不用循环下面的字符了,所以以这个条件作为循环终止条件。

5-11.mp4

例 5.11　编程判断两个字符串是否相等。

解题思路：定义两个字符数组 ch1[80]、ch2[80]存放两个字符串，利用循环变量 i 和 j 作为两个字符数组的下标，两个字符串只要有一个字符不相等，就认为不相等，所以当 ch1[i]!＝ch2[j]时退出循环，如果循环到最后 ch1[i]、ch2[j]的值都等于'\0'，说明两个字符串是相等的。流程图如图 5.13 所示。

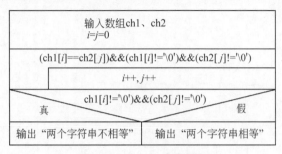

图 5.13　例 5.11 的流程图

程序代码如下：

```c
#include <stdio.h>
int main()
{
    char ch1[80],ch2[80];
    int i,j;
    printf("请输入第一个字符串: ");
    scanf("%d",&ch1);
    printf("请输入第二个字符串: ");
    scanf("%d",&ch2);
    i=j=0;
    while ((ch1[i]==ch2[j])&&(ch1[i]!='\0')&&(ch2[j]!='\0'))
    {
        i++;
        j++;
    }
    if ((ch1[i]!='\0')&&(ch2[j]!='\0'))
        printf("两个字符串不相等");
    else
        printf("两个字符串相等");
        printf("\n");
        return 0;
}
```

程序运行结果如下：

```
请输入第一个字符串: aabbcc↙
请输入第二个字符串: aabbcc↙
两个字符串相等
```

思考：可以对该程序做一些修改，对两个字符串进行比较，分 3 种情况输出不同的值：两个字符串相等时输出 0、第一个字符串大于第二个字符串时输出 1、第一个字符串小于第二个字符串时输出－1。

习 题 5

一、单选题

1. 以下定义语句不正确的是(   )。

    A. double x[5]＝{2.0,4.0,6.0,8.0,10.0};

    B. int y[5]＝[0,1,3,5,7];

    C. char c1[]＝{'1','2','3','4','5'};

    D. char c2[]＝{'\x10','\xa','\x8'};

2. 以下定义语句中,错误的是(   )。

    A. int a[]＝(1,2);   B. char * a[3];

    C. char s[10]＝"text";   D. int n＝5,a[n];

3. 下列语句正确的是(   )。

    A. int a[3][4]＝({1},{},{9});   B. int a[3][4]＝{{1},{0},{9}};

    C. int a[2][]＝(1,2,3,4,5,6);   D. int a[2][3]＝{1,2,3,4,5,6,7,8};

4. 已知

```
int a[]={1,2,3,4,5,6,7,8,9,10};
```

则 a[a[3]＋2]＋a[6]的值是(   )。

    A. 11   B. 12   C. 13   D. 14

5. 若有定义

```
int a[5][6];
```

则数组 a 的第 10 个元素是(   )。

    A. a[2][5]   B. a[2][4]   C. a[1][3]   D. a[1][5]

6. 以下叙述中正确的是(   )。

    A. 对于字符串常量"string!",系统已自动在最后加入了'\0'字符,表示串结尾

    B. 对于一维字符数组,不能使用字符串常量来赋初值

    C. 语句"char str[10]＝"string!";"和"char str[10]＝{"string!"};"不等价

    D. 在语句"char str[10]＝"string!";"中,数组 str 的大小等于字符串的长度

7. 函数调用 strcat(strcpy(str1,str2),str3)的功能是(   )。

    A. 将串 str1 复制到串 str2 中后在连接到串 str3 之后

    B. 将串 str1 连接到串 str2 之后再复制到串 str3 之后

    C. 将串 str2 复制到串 str1 中后再将串 str3 连接到串 str1 之后

    D. 将串 str2 连接到串 str1 中后再将串 str1 复制到串 str3 中

8. 若用数组名作为函数调用的实参,传递给形参的是(   )。

    A. 数组的首地址   B. 数组中第一个元素的值

    C. 数组中全部元素的值   D. 数组元素的个数

9. 以下对二维数组 c 的声明正确的是(　　)。

    A. int c[3][ ];   B. int c(3,4);   C. int c(2)(2);   D. int c[3][2];

10. 如果想使一个数组中全部元素值均为 0,不能写成(　　)。

    A. int a[5]=0;   B. int a[5]={0};

    C. int a[5]={0,0};   D. int a[5]={0,0,0,0,0};

二、编程题

1. 从键盘输入一个整数 i,输出 $i+1,i+2,i+3,\cdots,i+20$ 这 20 个数,每行输出 5 个数。运行结果如下:

```
输入一个整数: 2↙
3,4,5,6,7
8,9,10,11,12
…
```

2. 从键盘输入一个学生成绩,然后将其插入一个降序排列的 9 个学生的成绩表中,插入后的成绩表仍然保持降序。运行结果如下:

```
原有数据: 22,20,19,18,12,10,7,5,2
输入一个整数: 11↙
插入结果: 22,20,19,18,12,11,10,7,5,2
```

3. 输入一行数字字符,统计每个数字字符的个数,并输出统计结果。运行结果如下:

```
输入一行数字字符: 1236660012↙
统计结果:
0有2个
1有2个
2有2个
3有1个
6有3个
```

4. 从键盘输入一个完全由小写字母组成的字符串,按以下规则进行加密:a→z、b→y、c→x、……、y→b、z→a。输出加密以后的字符串。运行结果如下:

```
输入一行小写字母: abc↙
加密以后的字符串: zyx
```

5. 从键盘输入 3 行 3 列矩阵的整数元素,然后找出全部元素中的最大值和最小值。运行结果如下:

```
输入矩阵数据:
1 2 3↙
3 7 6↙
2 4 0↙
最大值: 7
最小值: 0
```

第6章 函　　数

函数是独立完成某个功能的语句块,是构成 C 语言程序的基本单位,在 C 语言中,一个程序是由一个或多个函数组成的。程序不仅可以调用系统提供的标准函数库,而且还可以自定义函数,并像标准函数一样被调用。在程序设计语言中引入函数可以减少重复编写程序的工作量,提高程序开发的效率。

6-0.mp4

本章主要介绍用户自定义函数的编写、调用、函数参数的传递、函数重载和变量作用域等相关知识。

6.1　函数的定义、调用和声明

函数的概念是 C 语言中最重要的概念之一,函数设计是程序设计的主要部分或实质部分。C 语言规定自定义函数必须遵循"先定义,后调用"或"先声明,再调用,后定义"的原则。

6.1.1　函数的定义

函数是完成一定功能的程序单元。它具有相对的独立性,能供其他程序模块调用,并在执行完自己的功能后,返回调用它的模块。函数的定义就是描述一个函数所完成功能的具体过程。

函数定义格式如下:

```
函数类型 函数名(形式参数表)
{
    函数体
}
```

说明:

① 函数名可以由用户自己命名且符合标识符的命名规则。

② 函数类型规定了函数返回值的类型。函数没有返回值时,必须用关键字 void 加以说明,默认的返回值类型为 int 型。

例如:

```
sum(int a,int b)              //返回值类型为 int 型
double sum(int a,int b)       //返回值类型为 double 型
void sum(int a,int b)         //无返回值
```

③ 形式参数表,是函数接受调用者向函数传值的主要途径,定义时应分别给出各个参数的数据类型。形参表可以为空,但函数名后的"()"不能省略。

例如:

```
float avg(int i,double k,float j)          //3个形参分别声明其数据类型中间用","隔开
float mau()                                //无参数,函数名后的"()"不能省略
```

④ 函数体是由"{}"括起来的语句序列,用于描述函数所要执行的操作。当函数有返回值时,函数体内要有一个 return 语句。函数体可以为空,但此函数定义中的"{}"不能省略。例如:

```
float sum(float x,float y)
{
    float temp;
    temp=x+y;
    return temp;                           //通过 return 语句返回所求结果
}
```

中的 sum()函数用于求两个实型数据之和。

下面定义了一个空函数:

```
void empty()
{

}
```

该空函数不做任何操作。

6.1.2 函数的调用

当定义了一个函数后,就可以在程序中调用该函数完成相应的功能。

1. 函数调用形式及过程

函数调用的格式如下:

```
函数名([实参表])
```

其中,实参是用","隔开的一组表达式,每个表达式的值为实参数。实参的个数由形参决定,实参是用来在调用函数时给形参初始化的,因此要求实参与形参的类型、个数、次序要一致。程序总是从 main()函数开始执行,遇到函数调用语句时,如果函数是有参函数,C 语言先将参数的值传递给与之相对应的形参,然后执行被调用函数的函数体。当函数执行完毕后,返回主调函数,继续执行主调函数中的后继语句。函数调用示意图如图 6.1 所示。

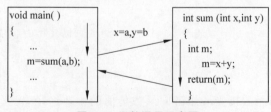

图 6.1　函数调用示意图

2. 函数的返回

（1）函数体中通过执行 return 语句返回，其格式有 3 种：

```
return( expression);              //返回表达式 expression 的值
```

或

```
return expression ; //返回表达式 expression 的值
```

或

```
return;              //函数无返回值
```

（2）若函数体中无 return 语句，当执行到函数末尾时自动返回到调用函数处。此时函数无返回值。

（3）函数的返回值最多只有一个，可通过 return 语句返回主调函数。当有多个值需要返回主调函数时，用 return 语句无法实现，只能通过调用变量的地址实现。

6.1.3 函数的声明

函数的调用可以是"先定义，后调用"，此时编译系统能正常运行，因为当编译到调用函数时，不会遇到不可识别的函数。C 语言中也可以函数调用在前，函数定义在后，但必须在调用前对该函数进行声明，否则编译时就会出错误。

函数说明也称函数原形，声明格式如下：

```
函数类型 函数名(参数表);
```

其中，各部分的含义与函数定义相同，由于它是说明语句，没有函数体，所以需以";"结束，且可以省去参数名。

对于库函数，它是通过相应的头文件来加以说明的，在头文件中含有函数的声明。因此使用前需在程序的开头用 include 命令把头文件包含进来。

例 6.1 函数声明示例。$s=1+2+\cdots+n$，计算 s 的值。

6-1.mp4

解题思路：如果被调函数定义在主调函数之后，那么在主调函数中要先声明才能调用。
程序代码如下：

```
#include <stdio.h>
int main()                        // main()在 fact()函数前面
{
    int n; long p;
    long fact(int);               //函数的声明
    scanf("%d",&n);
    p=fact(n);                    //函数的调用
    printf("s=%ld\n",p);
    return 0;
}
long fact(int m)                  //函数的定义
```

```
{
    int i;
    long s=0;
    for (i=1;i<=m;i++)
    s=s+i;
    return s;                                   //函数的返回值
}
```

程序运行结果如下：

```
5↙
s=15
```

例 6.2   函数声明示例。

解题思路：如果被调函数在主调函数之前被定义，则编译主调函数时已知被调函数的类型等信息，故不需要提前进行函数的声明。

程序代码如下：

6-2.mp4

```
/*  主调函数在被调函数之后 */
#include <stdio.h>
long fact(int m)                               //函数的定义
{
    int i;
    long s=0;
    for (i=1;i<=m;i++)
    s=s+i;
    return s;                                   //函数的返回值
}
int main()                                      // main( )函数在 fact( )函数后面
{
    int n; long p;
    scanf("%d",&n);
    p=fact(n);                                  //函数的调用
    printf("s=%ld\n",p);
    return 0;
}
```

程序运行结果如下：

```
5↙
s=15
```

注意：

（1）若被调函数是库函数或用户已编写的函数（与主调函数不在同一文件中），则使用前需在程序的开头用＃include 命令将被调函数的信息包含进来。

（2）若主调函数与被调函数在同一文件内，且主调函数在前，则必须在主调函数的声明部分或主调函数的前面对被调函数进行声明。

（3）如果函数类型为整型或被调函数在主调函数之前定义，可以省略对被调函数的声明。

（4）通常情况下，将所有函数的声明集中在程序开头或将所有函数的信息写入一个文件，编程时用＃include 命令将其包含进来即可。

例 6.3　编写函数求任意一个整数的阶乘。

解题思路：求 $n!$ 在工程计算中经常用到，但 C 语言系统库函数却没有提供函数完成此功能。因此，用户在使用时可以自定义一个 fun(int n) 函数实现求任意整数的阶乘，需要时就可被其他程序调用。

6-3.mp4

程序代码如下：

```c
long fun( int n)                        // 定义 fun()函数求 n 的阶乘
{
    int i;
    long m=1;
    for (i=1;i<=n;i++)
        m=m * i;
    return(m);                          // 将求得的结果返回
}
#include <stdio.h>
int main()                              //主函数
{
    int n;
    long p;                             //不需函数声明
    scanf("%d",&n);
    p=fun(n);                           //调用 fun()函数,求出 n 的阶乘,放在变量 p 中
    printf("%d!=%ld\n",n,p);
    return 0;
}
```

程序运行结果如下：

```
5↙
5!=120
```

从以上简单例子可以看出以下几点。

（1）函数具有相对独立的功能。

（2）函数和函数之间通过参数和返回值来进行联系。

（3）使用函数有利于代码重用，提高编程效率。

例 6.4　编写函数判断某年是不是闰年。

解题思路：若要判断某年是不是闰年，首先把年份传递给函数 yearf(int n) 的形参 n，在函数中判断如果 n 能被 400 整除或能被 4 整除但不能被 100 整除，此时是闰年，函数 yearf(int n) 返回值为 1；否则不是闰年函数返回值为 0。将以上功能程序写成函数后，再通过循环判断从 2000 年至 2050 年有多少个闰年。

6-4.mp4

程序代码如下：

```c
#include <stdio.h>
```

```
int main()                                          //主函数
{
    int yearf(int y);                               //声明函数
    int t,sum=0;
    for (t=2000;t<=2050;t++)
    if ( yearf(t))
        sum++;
    printf("有 %d 个闰年",sum);
    return 0;
}
int yearf(int y)                                    //判断是否为闰年的函数
{
    if ((y%400==0)||(y%4==0&&y%100!=0))
        return(1);
    else
        return(0);
}
```

程序运行结果如下：

有 13 个闰年

说明：自定义函数定义在主调函数之前或之后都可以，如果在主调函数之前定义，则不要声明，否则在主调函数需要在调用之前对函数进行声明。

6.2　函数间参数的传递

参数是调用函数和被调用函数之间交换信息的通道。函数调用时对于有参函数，主调函数和被调函数之间要进行参数的传递。在 C 语言中，可以使用不同的参数传递机制来实现形参和实参的结合。本节主要介绍几种参数的传递机制。

6.2.1　传值参数

传值的结合过程如下：调用函数时，系统为形式参数分配新的存储单元，将实参的值赋给形参后，被调函数中的操作是在形参的存储单元中进行的，当函数调用结束时释放形参所占的存储单元。因此，在函数中对形参值的任何修改都不会影响到实参的值。

传值调用的特点如下：数据的传递是单向的，对形参的改变不影响实参的值，且只能通过 return 语句返回最多一个值。

例 6.5　定义 multiple3()函数，通过两次调用观察实参和形参的结合过程。

6-5.mp4

解题思路：程序中的变量 n 虽与形参 n 同名，但它们是没有直接关系的两个不同的参数，调用该函数时实参仅把值传递给了形参，其函数体内对于形参 n 进行的赋值（或任何别的操作）与实参 n 是无关的，因此，实参 n 在调用之后其值没有改变。

主调函数对 multiple3()函数的每次调用，系统都要重新为形参 n 分配一个存储单元，并将实参的值传给形参，操作结束将结果返回，释放形参所占存储单元。

程序代码如下：

```
int multiple3(int n)
{
    n=n*3;                         //对形参 n 赋值
    return n;
}
#include <stdio.h>
int main( )
{
    int n=5;                       //实参 n
    printf(multiple3(2) l);
    printf("%d\n",multiple3(n));
    printf("%d\n",n);              //输出实参 n
    return 0;
}
```

程序运行结果如下：

```
6
15
5
```

思考：是否所有的函数都可以通过传值调用来实现其功能？

例 6.6   分析下面程序，能否实现交换两个变量的值。

解题思路：程序在 main( )函数中输入两个变量，把这两个变量的值传递给 swap(int a，int b)函数，在函数中对两个形参变量进行交换，是否可以得到希望的结果呢？下面通过源程序的运行结果来分析。

6-6.mp4

程序代码如下：

```
#include <stdio.h>
void main()
{
    int x,y;
    void swap(int a,int b);                    //函数说明
    x=6;
    y=8;
    printf("x=%d y==%d\n",x,y);                //输出调用前 x,y 的值
    swap(x,y);                                 //调用 swap()函数
    printf("x=%d y==%d\n",x,y);                //输出调用后 x,y 的值
}
void swap(int a,int b)
{
    int temp;
    temp=a;
    a=b;
```

```
        b=temp;
        printf("a=%d b=%d\n",a,b);
        return 0;
}
```

程序运行结果如下：

```
x= 6 y= 8
a= 8 b= 6
x= 6 y= 8
```

注意：从结果看形参 a、b 的值已经互换，函数调用前后，x、y 输出的结果相同，说明实参 x、y 并没有因为形参 a、b 在函数体中的交换而随之交换，如图 6.2 所示。

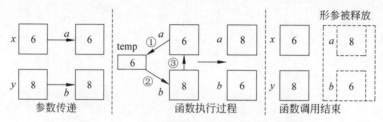

图 6.2 例 6.6 的函数调用过程中存储单元的状况

从图 6.2 可以看到函数体中对形参的改变与实参无关，因此实参不会交换。

思考：能否通过函数中的 return 语句，将交换过的两个形参返回主调函数。

6.2.2 地址参数

从 6.2.1 节的讲解可以看出被调函数只能向主调函数传递一个返回值，如果程序需要从函数返回多个值或者希望形参的改变能影响实参值，则必须通过传址调用或引用调用。

传址调用时，实参传给形参的是数据的地址，所达到的目的是形参与实参共用同一片存储单元，对形参的改变实际上就是对实参的改变，从而实现主、被调函数之间的多个数据传递。

C 语言的传址调用是通过指针实现的。为把指针传给函数，必须把形参说明为指针类型，则其对应的实参必须是一个地址，可以是变量地址、指针变量或数组名。传址调用的一般格式：

```
函数类型  函数名( * 参数 1, * 参数 2,…)
```

例 6.7 编写函数实现交换两个存储单元的内容。

解题思路：调用函数语句

```
swap(&x,&y);
```

6-7.mp4

把实参变量 x 和 y 的地址传递给形参指针 a、b。在函数中将指针所指对象(x,y)的内容交换，返回后 x、y 的内容就进行了交换。

程序代码如下：

```
#include "stdio.h"
void main()
{
    int x,y;
    void swap(int *a,int *b);              //函数声明,形参为指针类型
    x=6;
    y=8;
    printf("调用前: x=%d\ty=%d\n",x,y);    //输出调用前 x,y 的值
    swap(&x,&y);                            //调用 swap()函数,实参使用变量的地址
    printf("调用后: x=%d\ty=%d\n",x,y);    //输出调用后 x,y 的值
    return 0;
}
void swap(int *a,int *b)                    //形参为指针变量
{
    int temp;
    temp=*a;
    *a=*b;
    *b=temp;
}
```

程序运行结果如下：

```
调用前: x=6        y=8
调用后: x=8        y=6
```

注意：程序中实、形参共用了同一存储单元,因此形参的改变就相当于对实参的改变,如图 6.3 所示。

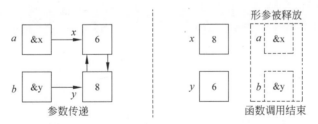

图 6.3　例 6.7 的函数调用过程存储单元的状况

6.2.3　数组名作函数参数

数组名代表着数组所在存储空间的首地址,因此可将数组名作为实参传递给一个指针变量,这种传递不是把整个数组传递给被调函数,只是传递数组存储空间的首地址。

实参是数组名,则相应的函数定义中的形参有 3 种方法说明。

(1) 形参也为数组型,该数组必须与调用函数的数组类型和元素个数相同。

(2) 形参为不定长数组。

(3) 形参为指针变量。

下面,通过具体程序介绍这 3 种方法的使用。

例 6.8 编写 input()、sort()、output()3 个函数,分别实现数组的输入、数组的排序、排序结果的输出。

程序代码如下:

```c
#include "stdio.h"
const int N=10;
void input(int s[N]);                        //函数声明
void sort(int s[]);
void output(int * s);
int main()
{
    int a[N];
    input(a);                                //调用 input()函数,实参是数组名
    sort(a);
    output(a);
    return 0;
}
void input (int s[N])                        //input()函数定义,形参为数组型
{
    int i;
    printf("please input %d integers: ",N);
    for (i=0;i<N;i++)
        scanf("%d ",&s[i]);
}
void sort(int s[])                           //sort()函数定义,形参为不定长的数组
{
    int i,j,t;
    for (i=0;i<N-1;i++)
        for (j=0;j<N-1-i;j++)
            if (s[j]>s[j+1])
            {
                t=s[j]; s[j]=s[j+1]; s[j+1]=t;
            }
}
void output(int * s)                         //output()函数定义,形参为指针变量
{
    int i;
    for (i=0;i<N;i++)
        printf("%d\t",s[i]);
    printf("\n");
}
```

程序运行结果如下:

```
please input 10 integers:
12 34 2 0 -3 78 42 1 10 80
-3      0      1      2      10      12      34      42      78      80
```

例 6.9　编写函数求任意两个整数的最小公倍数。

解题思路：最小公倍数为 $m \times n$ 被其最大公约数除。因此，首先要求任意两个整数的最大公约数。设 m、n 为两个正整数，记 q、r 分别为 m 除以 n 的商的整数部分及余数，则有

$$m = qn + r \quad 0 \leqslant r < n$$

由上式可知，若 d 是 m、n 的公约数，则 d 也一定是 n、r 的公约数；反之亦然。即求 m、n 的最大公约数问题可以转换为求 n、r 的最大公约数问题。而当 $r = 0$ 时，所求的最大公约数就是 n。

程序代码如下：

6-9.mp4

```c
#include <stdio.h>
sct (int m,int n)
{
    int temp,a,b;
    if (m<n)
    { temp=m; m=n; n=temp; }
    a=m;
    b=n;
    while (b!=0)
    { temp=a%b; a=b; b=temp; }
    return(m*n/a);
}
void main()
{
    int x,y,g;
    printf("请输入两个整数: ");
    scanf("%d%d",&x,&y);;
    g=sct(x,y);
    printf("最小公倍数为%d\n",g);
}
```

程序运行结果如下：

请输入两个整数：**30 50** ↙
最小公倍数为 150

例 6.10　编写函数，统计任意一个字符串中字母、数字、其他字符出现的频率。

解题思路：由于要求统计任意一个字符串中字母、数字、其他字符出现的频率，统计结果有 3 个数据，而函数的返回值只有一个，所以无法通过函数把 3 个数据返回，因此设计在函数中统计并输出结果。

程序代码如下：

6-10.mp4

```c
#include <stdio.h>
int count(char letter[ ])
{
    int i,t1,t2,t3,n;
    i=0; t1=0;
    t2=0; t3=0;
    n=0;
    while (letter[i]!='\0')
```

```
    {
        if ((letter[i]>='a'&&letter[i]<='z')||(letter[i]>='A'&& letter[i]<='Z'))
            t1++;
        else if (letter[i]>='0'&& letter[i]<='9')
            t2++;
        else
            t3++;
        i++;
    }
    n=t1+t2+t3;
    printf("字母出现的频率为%f\n",(float)(t1)/n);
    printf("数字出现的频率为%f\n",(float)(t2)/n);
    printf("其他字符出现的频率为%f\n",(float)(t3)/n);
    return 0;
}
void main()
{
    char str[80];
    printf("请输入一字符串: ");
    gets(str);
    count(str);                                              //采用传址调用
}
```

程序运行结果如下：

```
请输入一字符串: 2rui0987++@hgt16&*↙
字母出现的频率为 0.333333
数字出现的频率为 0.388889
其他字符出现的频率为 0.277778
```

注意：程序中出现(float)(t1)/n的目的是希望除法运算进行的是实数除法，只有这样才能够得到正确的运算结果。

思考：程序中实参采用了数组名，函数的形参采用了不定长数组，还有没有其他的方法实现这一功能？

例 6.11 设有 4 名学生 3 门考试课，编写一个函数输出平均分不及格的学生。

解题思路：在 main()函数中首先定义了 a 数组用来存放 4 名学生 3 门考试成绩，输入考试成绩，然后调用 average()函数输出平均分小于 60 的学生号。

程序代码如下：

6-11.mp4

```
#include <stdio.h>
const int n=4;
const int m=3;
int main()
{
    int a[4][3]={{44,55,66},{60,70,80},{70,77,86}, {80,83,98}};
    void average(int x[n][m]);
```

```
        average(a);
        return 0;
}
void average(int x[n][m])
{
    for (int i=0;i<n;i++)
    {
        int sum=0;
        for (int j=0;j<m;j++)
            sum+=x[i][j];
        if ((double)(sum)/m<60)
            printf("第 %d 个学生平均分不及格",i+1);
    }
}
```

程序运行结果如下：

第 1 个学生平均分不及格

思考：能否将函数 average(int x[n][m]) 的形参定义成不定长数组，即 x[][] 或 x[n][]？

6.3　函数的嵌套和递归调用

C 语言函数的定义都是互相平行的、独立的。一个函数的定义内不能包含另一个函数的定义。这就是说，C 语言是不能嵌套定义函数的。但 C 语言允许嵌套调用函数和递归调用函数。

6.3.1　函数的嵌套调用

所谓嵌套调用就是在调用一个函数并执行该函数的过程中，又调用另一个函数的情况。假设在 main()函数中调用了 fun1()函数，而在 func1()函数的执行过程中又调用 func2()函数，这就构成了两层嵌套调用，如图 6.4 所示。根据函数的返回原则，被调用函数返回时（如执行了 return 语句，或执行到函数的最后语句），一定是返回到调用它的函数的中断位置，继续执行中断了的函数。

例 6.12　函数嵌套调用示例。

解题思路：在 main()函数中调用 func1()函数，执行 func1()函数的过程中又调用了func2()函数；执行完 func2()函数后返回 func1()函数继续执行，执行完 func1()函数后返回main()函数。如图 6.4 所示。

6-12.mp4

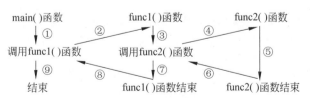

图 6.4　两层函数嵌套的执行过程

程序代码如下:

```
func2(int x)
{
    int t;
    t=x+9;
    return(t);
}
func1(int a,int b)
{
    int z;
    z=func2(a*b);                //func1函数()又调用了func2()函数
    return(z);
}
#include "stdio.h"
int main()
{
    int x1=2,x2=5,y;
    y=func1(x1,x2);              //main()函数调用func1()函数
    printf("%d\n",y);
    return 0;
}
```

程序运行结果如下:

```
19
```

6.3.2 函数的递归调用

1. 递归调用的定义

函数在执行的过程中直接或间接调用自己本身,称这种调用为递归调用。C语言允许递归调用,如图6.5所示。

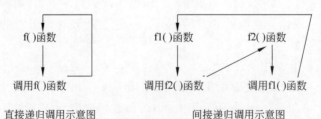

直接递归调用示意图　　　　　间接递归调用示意图

图 6.5　函数的递归调用示意图

例 6.13　从键盘输入一个整数,求该数的阶乘,用递归函数实现。

解题思路:根据求一个数 n 的阶乘的定义 $n!=n(n-1)!$,可写成如下形式:

$$\begin{cases} fac(n)=1, & n=0 \\ fac(n)=n*fac(n-1), & n>0 \end{cases}$$

其中,第一项 $fac(0)=1$ 为基例,递归的基例是指那些不需要进一步递归即可解决的问题的特定实例。

在递归函数中,基例通常定义了问题的最小规模下的解,当函数参数达到基例的条件时,函数将直接返回值而不再进行递归调用,也就是递归的结束条件。用递归调用解决问题的关键是找到递归函数和基例。

程序代码如下:

```c
#include <stdio.h>
int main()
{
    int n,fac(int);
    printf("输入一个正整数: ");
    scanf("%d",&n);
    printf("%d!=%d\n",n,fac(n));
    return 0;
}
int fac(int n)
{
    if (n==0)
        return 1;                    //递归结束值
    else
        return n*fac(n-1);           //直接递归调用
}
```

程序运行结果如下:

```
输入一个正整数: 4↙
4!=24
```

思考:根据递归的处理过程,若 fac( )函数中没有语句:

```c
if (n==0) return(1);
```

程序的运行结果将如何?

2. 递归调用的执行过程

递归调用的执行过程分为递推过程和回归过程两部分。这两个过程由递归终止条件控制,即逐层递推,直至递归终止条件,然后逐层回归。递归调用同普通的函数调用一样利用了先进后出的栈结构来实现。每次调用时,在栈中分配单元保存返回地址以及参数和局部变量;而与普通的函数调用不同的是,由于递推的过程是一个逐层调用的过程,因此存在一个逐层连续的参数入栈过程,调用过程每调用一次自身,把当前参数压栈,每次调用时都首先判断递归终止条件。直到达到递归终止条件为止;接着回归过程不断从栈中弹出当前的参数,直到栈空返回到初始调用处为止。

图 6.6 显示了例 6.9 的递归调用过程。

注意:无论是直接递归还是间接递归都必须保证在有限次调用之后能够结束,即递归有结束条件并且递归能向结束条件发展。例如,fac( )函数中的参数 n 在递归调用中每次减1,总可达到小于2的状态而结束。

在许多情形下如果不用递归方法,程序将十分复杂,很难编写。下面的实例显示了递归

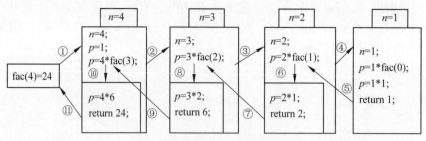

图 6.6　递归调用 $n!$ 的执行过程

设计技术的效果。

例 6.14　反序输出一个正整数的各位数值,如输入 321,应输出 132。

解题思路:输入整数 t 后,调用函数,利用对 10 求余数的方法,计算最后一位,再将 t 整除以 10,继续调用函数,直至该数小于 10。conv()函数的流程图如图 6.7 所示。

程序代码如下:

输入整数n		
真	$n<10$	假
返回n	输出n%10 conv(n/10)	

图 6.7　例 6.14 的流程图

```c
#include <stdio.h>
void conv(int n)
{
    if (n<10)
    {
        printf("%d",n);
        return;
    }
    printf("%d",n%10);
    conv(n/10);
}
void main()
{
    int t;
    printf("Input a positive number: ");
    scanf("%d",&t);
    conv(t);
    return 0;
}
```

程序运行结果如下:

```
Input a positive number: 2345↙
5432
```

思考:如果不用递归函数设计,该如何实现程序的功能,比较一下针对该程序哪种方法更清晰易懂。

例 6.15　用递归调用的方法编程实现求最大公约数。

解题思路:辗转相除法。

程序代码如下:

```
#include <stdio.h>
int gcd1(int x,int y)
{
    if (y==0) return x;
    else return gcd1(y,x%y);
}
void main()
{
    int a,b,g;
    printf("输入两个整数: ");
    scanf("%d%d",&a,&b);
    g=gcd1(a,b);
    printf("最大公约数为%d\n",g);
}
```

程序运行结果如下：

```
输入两个整数: 45 30↙
最大公约数为 15
```

例 6.16 编程实现用弦截法求方程 $x^3-5x^2+16x-80=0$ 在区间$[2,6]$内的根。

解题思路：

6-16.mp4

① 取两个不同点 x_1、x_2，如果 $f(x_1)$、$f(x_2)$符号相反，则(x_1,x_2)区间内必有一个根。如果 $f(x_1)$、$f(x_2)$符号相同，则应改变 x_1、x_2，直到上述条件成立。

② 连接 $f(x_1)$、$f(x_2)$两点，交 x 轴于 x 处。则 x 点的横坐标为 $x=(x_1 \cdot f(x_2)-x_2 \cdot f(x_1))/(f(x_2)-f(x_1))$，由此可进一步求出 $f(x)$。

③ $f(x)$与 $f(x_1)$、$f(x_2)$中异号地产生新的一条弦，重复上述操作，可以求出一个使 $f(x)$接近于 0 的 x 值，这时的 x 就是一个近似根。

截弦法的原理如图 6.8 所示。

程序代码如下：

```
#include <math.h>
float f(float x)
{
    float y;
    y=((x-5.0)*x+16.0)*x-80.0;
    return(y);
}
float xpoint(float x1,float x2)
{
    float y;
    y=(x1*f(x2)-x2*f(x1))/(f(x2)-f(x1));
    return(y);
}
float root(float x1,float x2)
```

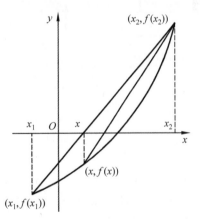

图 6.8　截弦法的原理

```
{
    float x,y,y1;
    y1=f(x1);
    do
    {
        x=xpoint(x1,x2);
        y=f(x);
        if (y * y1>0)
            {
                y1=y;
                x1=x;
            }
        else x2=x;
    }while (fabs(y)>=0.0001);
    return(x);
}
#include <stdio.h>
int main()
{
    float x1=2,x2=6,x;
    x=root(x1,x2);
    printf("A root of equation is %f\n",x);
    return 0;
}
```

程序运行结果如下：

```
A root of equation is 5.000000
```

6-17.mp4

例 6.17 汉诺塔问题。

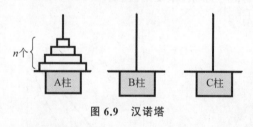

图 6.9 汉诺塔

如图 6.9 所示，有 3 根柱子 A、B、C，A 柱上有 n 个大小不等的盘子，大盘在下，小盘在上。要求将所有盘子由 A 柱搬动到 C 柱上，每次只能搬动一个盘子，搬动过程中可以借助任何一根柱子，但必须满足大盘在下，小盘在上。编程求解汉诺塔问题并打印出搬动的步骤。

解题思路：

① A 柱只有一个盘子的情况：A 柱→C 柱；

② A 柱有两个盘子的情况：小盘 A 柱→B 柱，大盘 A 柱→C 柱，小盘 B 柱→C 柱。

③ A 柱有 n 个盘子的情况：将此问题看成上面 $n-1$ 个盘子和最下面第 n 个盘子的情况。$n-1$ 个盘子 A 柱→B 柱，第 n 个盘子 A 柱→C 柱，$n-1$ 个盘子 B 柱→C 柱。问题转换成搬动 $n-1$ 个盘子的问题，同样，将 $n-1$ 个盘子看成上面 $n-2$ 个盘子和下面第 $n-1$ 个盘子的情况，进一步转换为搬动 $n-2$ 个盘子的问题，以此类推，直到最后成为搬动一个盘子的问题。

这是一个典型的递归问题，递归结束于只搬动一个盘子。

算法可以描述如下：

① $n-1$ 个盘子 A 柱→B 柱,借助于 C 柱。

② 第 n 个盘子 A 柱→C 柱。

③ $n-1$ 个盘子 B 柱→C 柱,借助于 A 柱。

其中步骤①和步骤③继续递归下去,直至搬动一个盘子为止。由此,可以定义两个函数,一个是递归函数,命名为 hanoi(int n, char source, char temp, char target),实现将 n 个盘子从源柱 source 借助中间柱 temp 搬到目标柱 target;另一个命名为 move(char source, char target),用来输出搬动一个盘子的提示信息。

程序代码如下:

```
#include <stdio.h>
void move(char source,char targe{
{
    printf("%c==>%c\n",source,target);
}
void hanoi(int n,char source,char temp,char target)
{
    if (n==1)
        move(source,target);
    else
    {
        hanoi(n-1,source,target,temp);      //将 n-1 个盘子搬到中间柱
        move(source,target);                //将最后一个盘子搬到目标柱
        hanoi(n-1,temp,source,target);      //将 n-1 个盘子搬到目标柱
    }
}
void main()
{
    int n;
    printf("输入盘子数: ");
    scanf("%d",&n);
    hanoi(n,'A','B','C');
}
```

程序运行结果如下:

```
输入盘子数: 3↙
A==>C
A==>B
C==>B
A==>C
B==>A
B==>C
A==>C
```

注意:前面已经利用递归函数和非递归函数解决了计算一个数的阶乘的问题,对于汉诺塔问题,为其设计一个非递归程序却不是一件简单的事情。

6.4 变量的作用域和存储类别

变量的描述包含以下内容：数据类型、存储类别、作用域和生存期，前两项通过变量的定义进行显式描述，后两项通过其显示描述及其所在位置来确定。

变量的作用域是指程序中所说明的标识符的适用范围，它是一个空间的概念，由定义变量的位置来决定。根据变量定义位置的不同，可分为局部变量和全局变量。局部变量又称内部变量，在函数内定义的变量，全局变量又称外部变量，在函数外定义的变量。

存储类别决定了变量的生存期，即何时为变量分配存储空间以及何时撤销存储空间。在定义变量时，通常根据变量的不同用途为其指定相应的存储类型。

6.4.1 自动变量

自动变量是 C 语言程序使用最多的一种变量，因为建立和撤销这些变量，都是由系统在程序执行过程中自动进行的，所以称为自动变量。自动变量是在函数内部定义的变量，其存储类别为 auto，可省略不写。前面使用的变量、函数的形参均为自动变量。

自动变量只在定义它的那个函数或分程序块中才能使用，其他函数不能对该变量引用。

自动变量的特点如下。

（1）作用域。从变量定义开始处到其所在函数或分程序结束。

（2）生存期。自动变量随函数的调用而分配存储单元，生存期开始，一旦函数或分程序结束就自动释放这些存储单元，生存期结束。

（3）初始化。由于自动变量每次调用时都会重新分配存储单元，所以未初始化的自动变量的值是随机的。

例 6.18 通过下列程序的运行结果，分析自动变量的特点。

程序代码如下：

6-18.mp4

```c
#include <stdio.h>
void main()
{
    int x=1;                                //第 1 个 x 作用域开始
    {
        void prt(void);
        int x=3;                            //第 2 个 x 作用域开始
        prt();
        prt();                              //第 2 次调用 prt()函数
        printf("two\tx=%d\n",x);
    }                                       //第 2 个 x 作用域结束
    printf("one\tx=%d\n",x);
}                                           //第 1 个 x 作用域结束
void prt()
{
    int x=5;                                //第 3 个 x 作用域开始
    printf("three\tx=%d\n",x);
}                                           //第 3 个 x 作用域结束
```

程序运行结果如下：

```
three    x=5
three    x=5
two      x=3
one      x=1
```

由程序运行的结果可知。

(1) 离开变量的作用域,其所在的存储单元被释放,自动变量的值是不会保留的。自动变量再次调用时,系统为其重新分配存储单元及初始化。

(2) 不同函数可使用相同名称的变量,它们占用不同的存储单元,作用域只在本函数内,彼此互不干扰。

(3) 内外层不同分程序定义的变量可以同名,当使用分程序内的变量时,外层的同名变量暂时被屏蔽。

注意：对于自动变量必须赋值后才能调用；虽然内外层变量可以同名,但在编程时最好不要定义同名变量。

6.4.2 全局变量

1. 全局变量的作用域

全局变量是在函数外部定义的变量,一般集中在主函数之前说明。它提供了各个函数之间通信的渠道,利用全局变量可以减少参数数量和数据传递时间。

全局变量的特点如下。

(1) 作用域。从变量定义开始处到其所在源文件末尾,在其作用域内,外部变量可以被任何函数使用或修改。

(2) 生存期。全局变量在程序执行过程中,占据固定的存储单元,所以在整个程序的运行期总是存在的。

(3) 初始化。未初始化的外部变量在系统编译时会被初始化为 0(int 型)或'\0'(char 型)。

例 6.19 全局变量的作用域。

解题思路：在同一个源程序文件中,若全局变量与局部变量同名,则在局部变量的作用范围内,全局变量被屏蔽不起作用。

6-19.mp4

程序代码如下：

```c
#include <stdio.h>
int d=1;                              //全局变量 d
void fun(int p)
{
    int d=5;                          //局部变量 d
    d+=p++;                           //使用局部变量
    printf("%d\n",d);
}
void main()
```

```
{
    int a=3;
    fun(a);
    d+=a++;                                        //使用全局变量 d
    printf("%d\n",d);
    return 0;
}
```

程序运行结果如下：

```
8
4
```

思考：如果将全局变量的定义删去，程序的运行结果又如何呢？

2. 全局变量的存储定义

全局变量在编译时被分配在静态存储区。全局变量按其定义方式又可分为以下两种：静态全局变量、外部全局变量。

（1）静态全局变量。静态全局变量只限于它所在的源程序文件中的函数引用，而不能被其他源程序文件中的函数使用。静态局部变量的定义形式是在全局变量定义语句的数据类型前加静态存储定义符 static。

例 6.20 全局变量的存储属性。

解题思路：x、y 变量被定义为静态全局变量，在 fun1()函数和 main()函数中都可以引用其值。

程序代码如下：

6-20.mp4

```
include <stdio.h>
static int x=2,y=8;                              //用 static 将 x、y 声明为静态全局变量
int fun1()
{
    return(x+y);
}
void main()
{
    int i=3,j=5;
    printf("调用 fun1()=%d\n",fun1());
    i=x+i;j=y+j;
    printf("i=%d j=%d\n",i,j);
}
```

程序运行结果如下：

```
调用 fun1()=10
i=5 j=13
```

（2）外部全局变量。在函数外部声明的变量，该变量可以通过 extern 来说明，把其作用域扩充到其他源程序文件。

如果全局变量(包括静态全局变量和外部全局变量)不在文件的开头定义,其作用域只限于定义处到文件结束,定义点之前的函数不可以引用该外部变量。在 C 语言中可以用extern 声明符来扩展外部变量的作用域。

例 6.21 作用域向上扩展。

程序代码如下:

6-21.mp4

```
#include <stdio.h>
extern int i,j;              //关键字 extern 将 i、j 作用域向上扩展到该位置
int fun1()
{
    return(i+j);
}
int i=3,j=5;                 //全局变量 i、j 作用域开始
void main()
{
    printf("%d\n",fun1());
}
```

程序运行结果如下:

```
8
```

注意:外部变量的扩展语句也可写在函数体内,但此时外部变量的作用域仅扩展到该函数内。作用域扩展到另一个文件,对于外部全局变量,其作用域不仅可以在其文件内扩展而且可以扩展到其他源程序文件中的函数中。

例 6.22 计算阶乘程序。

解题思路:工程文件由两个源文件 file1.c 和 file2.h 构成.file1.c 文件定义主函数和一个全局变量 m。file2.h 文件定义计算阶乘的函数 fact(),并存放在 d:\下。

程序代码如下:

6-22.mp4

```
/* file1.c */
#include <stdio.h>
#include <d:\\file2.h>
int fact(void);
int m;                 //定义 m 为全局变量
void main()
{
    printf("enter a number:\n");
    scanf("%d",&m);
    printf("%d!=%d\n",m,fact());
}
/* file2.h */
extern int m;          //通过关键字 extern 将文件 file1 中定义的全局变量扩展到 file2
int fact(void)
{
    int result=1,i;
```

```
    for (i=1;i<=m;i++)
        result=result * i;
    return(result);
}
```

注意：供各模块文件使用的全局变量，在程序中只能定义一次。但在不同的地方可以被多次扩展，此时不再为它分配内存。

6.4.3　局部变量

在任何一个分程序内定义的变量称为局部变量，所谓分程序就是在"{ }"内的代码段，常见说明局部变量的方式是在函数内。局部变量按其存储定义又可分为自动变量和静态局部变量。

关于自动变量在 6.4.1 节中已详细讲过，此处仅介绍静态局部变量。

静态局部变量的特点如下。

① 作用域。静态局部变量从变量定义开始处到其所在函数或分程序结束。

② 生存期。局部静态变量属于静态存储类别，在静态存储区分配存储空间。在整个程序运行期间都不释放。因此，函数的两次调用之间可以保存静态变量的值。

③ 初始化。静态局部变量在编译时分配存储单元，未初始化的局部静态变量，系统编译时将其初始化为 0(int 型)或'\0'(char 型)。

表 6.1 列出了自动变量、全局变量、局部变量的作用域和存储类别。

表 6.1　自动变量、全局变量、局部变量的作用域和存储类别

变量的存储类型		定义的分程序内		定义的分程序外		源 文 件 外	
		作 用 域	存 在 性	作 用 域	存 在 性	作 用 域	存 在 性
局部变量	auto	√	√	×	×	×	×
	static	√	√	×	√	×	√
全局变量	extern	√	√	√	√	√	√
	static	√	√	√	√	×	×

例 6.23　局部静态变量。
程序代码如下：

```
#include<stdio.h>
void main()
{
    void increment();
    increment();
    increment();
    increment();
}
void increment()
```

```
{
    static int i;              //定义 i 为局部静态变量
    i++;
    printf("%d\n",i);
}
```

程序运行结果如下：

```
1
2
3
```

思考：将程序中的变量定义语句

```
static int i;
```

改为

```
int i;
```

的结果如何？为什么？

6.4.4 函数文件化

函数定义完成后，可以将其另存成不包含 main()的".h"头文件，通过 include 命令调用自己写好的头文件（使用"" ""），实现了功能的封装。

例 6.24 将自定义函数生成".h"头文件并在主程序中引用。

（1）编写代码，并将其另存成 fx.h 文件。

程序代码如下：

6-24.mp4

```
int max(int x,int y)
{
    if (x>y) return x;
    else return y;
}
int min(int x,int y)
{
    if (x<y) return x;
    else return y;
}
```

（2）编写主程序，调用 fx.h 文件。

程序代码如下：

```
#include "fx.h"
#include "stdio.h"
int main()
{
```

```
    printf("max=%d\n",max(3,4));
    printf("min=%d\n",min(3,4));
}
```

程序运行结果如下:

```
max=4
min=3
```

本 章 小 结

函数是 C 语言程序的基本模块,因此掌握好函数的使用,就成为掌握 C 语言程序设计的核心问题。本章主要讲述函数的定义与调用、函数间参数的传递、函数的嵌套和递归调用、变量的作用域和存储类别。

在进行函数调用时,如果函数的定义出现在函数调用之后,就必须在函数调用之前进行说明。函数可以嵌套调用,但不能嵌套定义。

作用域规定了程序中标识符的有效范围,而存储类型决定了何时为变量分配存储空间以及何时收回存储空间。

本章的重点是函数的定义、调用,参数的传递,递归函数的定义和调用,变量的作用域。难点是函数的传址调用(地址参数)、递归函数的使用、变量的存储类别等。

习 题 6

一、填空题

1. 以下程序的执行结果是_____。

```
#include<stdio.h>
void func(int);
int main()
{
    int k=4;
    func(k);
    printf("\n");
    return 0;
}
void func(int a)
{
    static int m=0;
    m+=a;
    printf("%d  ",m);
}
```

2. 写出以下程序的执行结果_____。

```
#include<stdio.h>
int x=5;
int p(int x)
{
    int y=1;static int z=1;
    y++;
    z++;
    return (x+y+z);
}
void main( )
{   for (int i=1;i<3;i++)
        printf("%d  ",p(x++));
}
```

3. 程序填空。函数 backmove( )是把字符指针 x 所指长度为 n 的字符串后移动 m 个位置,移出的字符移到串首。m、n 为非负整数。例如"abcdefghij"后移 3 个位置变成"hijabcdefg"。

```
void backmove(char * x, int n, int m)
{
    int i,j;
    char w;
    for (j=0;j<m;j++)
      {   w=_____;
          for (i=0; _____;i++)
              * (x+n-1-i)=_____ ;
          * x=_____;
      }
}
```

二、单选题

1. 若函数调用时的实参为变量时,以下关于函数形参和实参的叙述中正确的是( )。

　　A. 函数的实参和其对应的形参共占同一存储单元

　　B. 形参只是形式上的存在,不占用具体存储单元

　　C. 函数的形参和实参分别占用不同的存储单元

　　D. 同名的实参和形参占同一存储单元

2. 在函数中定义变量时,若省略存储类型符,系统默认其为( )存储类别。

　　A. 自动　　　　　　　B. 静态　　　　　　　C. 外部　　　　　　　D. 寄存器

3. 建立函数可以( )。

　　A. 提高程序的执行效率　　　　　　B. 提高程序的可读性

　　C. 提高程序的健壮性　　　　　　　D. 减少程序文件所占内存

4. 以下有关函数定义的首部形式,正确的是( )。

　　A. double fun(int x,int y)　　　　　B. double fun(int x;int y)

　　C. double fun(int x,int y);　　　　　D. double fun(int x,y);

5. 有函数 fun(float x){ float y; y= 3 * x−4; return y; },其函数值的类型是(　　)。

    A. int　　　　　　B. 不确定　　　　　　C. void　　　　　　D. float

6. 下列关于静态局部变量的说法中不正确的是(　　)。

    A. 静态局部变量在函数内定义

    B. 静态局部变量的生存期为整个源程序

    C. 静态局部变量的作用域为整个源程序

    D. 静态局部变量若在说明时未赋初值,则系统自动赋予 0 值

7. 简单变量作为实参时,它相对应形参之间的数据传递方式是(　　)。

    A. 地址传递　　　　　　　　　　　　B. 单向值传递

    C. 由实参传给形参,再由形参传回给实参 D. 由用户指定传递方式

8. 在 C 语言中,以下描述正确的是(　　)。

    A. 函数的定义可以嵌套,但函数的调用不可以

    B. 函数的定义不可以嵌套,但函数的调用可以

    C. 函数的定义和调用都不可以嵌套

    D. 函数的定义和调用均可嵌套

9. 设 fun()函数的定义形式为 void fun(char ch,float x){…},以下对函数的调用语句中,正确的是(　　)。

    A. fun("abc",3.0);　　　　　　　　B. t=fun('CD',16.5);

    C. fun('65',2.8);　　　　　　　　　D. fun(32,32);

10. 若自定义函数不要求返回一个值,则应在该函数说明时加一个类型说明符(　　)。

    A. int　　　　　　B. char　　　　　　C. void　　　　　　D. float

三、编程题

1. 编写一个函数,将华氏温度(F)转换为摄氏温度(C)。公式为 $C=(F-32)\times5/9$,并在主程序中通过调用该函数进行计算。运行结果如下:

```
输入华氏温度: 50↙
对应的摄氏温度: 10.0000
```

2. 编写一个函数判断一个数是否为素数,并在主函数中通过调用该函数求出所有三位数的素数。运行结果如下:

```
101 103 …
```

3. 编写一个函数判定一个字符在一个字符串中出现的次数,如果该字符不出现则返回值为 0。运行结果如下:

```
原有字符串: abcdefgabc
输入字符串: a↙
出现次数: 2
```

4. 编写一个函数求满足条件 $1^2+2^2+3^2+4^2+\cdots+n^2<1000$ 的最小值 n。运行结果如下:

```
输入平方和: 1000↙
最小 n=14
```

5. 编写一个递归函数将所输入的 5 个字符按相反的顺序排列出来。运行结果如下：

```
输入 5 个字符: abcde↙
排序结果: edcba
```

6. 求方程 $ax^2+bx+c=0$ 的根，用 3 个函数分别求当 b^2-4ac 大于 0、等于 0 和小于 0 时的根，并输出结果。要求从主函数输入 a、b、c 的值。运行结果如下：

```
输入 a,b,c: 1,-2,1↙
计算结果: x1=x2=1.0000
输入 a,b,c: 1,-3,2↙
计算结果: x1=2.0000, x2=1.0000
```

第7章 位 运 算

位运算是指进行二进制位的运算,有逻辑运算和移位运算,如按位与、按位或、按位取反、按位异或、左移、右移等。在嵌入式系统设计中,经常要处理信号的输入、检测、处理、传输、控制等二进制位的问题,特别是在8051系列单片机的软件设计中要让单片机的某个或多个引脚的状态为1或0,采用位运算处理数据非常简单。

以8位二进制数为例,自左往右,高位在最左端(bit7),低位在最右端(bit0)。常用的位运算符包括按位与(&)、按位或(|)、按位取反(~)、按位异或(^)、左移(<<)、右移(>>)。

7.1　按位与(&)

按位与运算的真值表如下:

```
Y=A+B
A B Y
0 0 0
0 1 0
1 0 0
1 1 1
```

特点:同一个二进制位上,只有1和1进行按位与运算,其结果才为1,其余全是0。这样可以对特定的二进制位清"0",或者只取所需要的某几个二进制位。例如:

```
1001 0101 & 0011 0001 =1100 0000      // 取 1001 0101 的 bit0、bit4 和 bit5 位,其余清"0"
1111 1001 & 0000 1111 =0000 1001      // 取 1111 1001 的低 4 位,高 4 位清"0"
```

7.2　按位或(|)

按位或运算的真值表如下:

```
Y=A+B
A B Y
0 0 0
0 1 1
1 0 1
1 1 1
```

特点:同一个二进制位上,只有0和0进行或运算,其结果才为0,其余全是1。这样可以将某个特定位的数据变为1,例如:

```
0011 0000 | 0000 1111 =0011 1111;        // 把 0011 0000 的低 4 位变为 1
0011 0000 | 1111 0000 =1111 0000;        // 把 0011 0000 的高 4 位变为 1
```

对特定位进行 | 0,则保留原值,例如:

```
0011 1010 | 0010 0100 =0011 1110;        // 把 0011 1010 的 bit2 和 bit5 位变为 1,其余不变
```

7.3 按位取反(～)

按位取反就是对操作数的二进制位按位进行取反操作,0 取反则为 1,1 取反则为 0,
如下:

```
～0 =1;
～1 =0;
～1100 =0011;
```

按位取反和非运算(!)是不一样的,非运算只有 0 或者 1 的结果。

7.4 按位异或(^)

按位异或运算的真值表如下:

```
Y=A+B
A B Y
0 0 0
0 1 1
1 0 1
1 1 0
```

特点:同一个二进制位上,两个位相等则为 0,否则为 1,可以对操作数的指定位进行反
转操作。

```
1100 1111^1111 0000=0011 1111;
                //把 1100 1111 操作数的高 4 位进行了反转,对指定位进行 ^ 0,则保留原值
```

7.5 左移(<<)

对一个操作数的二进制位进行左移 n 位操作。其中左边移出去的二进制位进行丢弃,
右边空出的二进制位补 0。

例如,对 $0x05$ 左移 3 位:

$$0000\ 0101<<\ 3=0010\ 1000=40$$

左移 1 位相当于该操作数乘以 2,左移 n 位,则是乘以 2^n,故 $x<<n$ 相当于 $x \cdot 2^n$。

所以 5 左移 3 位为 $5 \times 2^3 = 40$。

7.6 右移（>>）

对一个操作数的二进制位进行右移 n 位操作。其中右边移出去的丢弃,左边空出的高位是补 0 还是补 1 要看操作数是有符号数还是无符号数。

- 无符号数右移:空出的高位补 0。这种情况称为逻辑右移。
- 有符号数右移:空出的高位全部以符号位进行填充,即正数补 0,负数补 1。这种情况称为算术右移。

如对 5 和 15 右移 2 位:

```
// 5 和 15 的二进制展开形式分别是
// 00000101(5) 00001111(15)
00000101>>2=00000001;                    // 十进制就是 1
00001111>>2=00000011;                    // 十进制就是 3
```

7-1.mp4

例 7.1 整数 $n = 112$ 的二进制为 01110000,求将其右移 2 位与右移 4 位所得结果的差。
解题思路:
(1) 先使 n 右移 2 位($n >> 2$)。
(2) 设置一个数 $m = 00000111$(十进制 7)。
(3) 将 n 和 m 进行与运算($n \& \& m$)。
程序代码如下:

```
#include <stdio.h>
int main()
{
    unsigned int n=112,m=7;
    n=n>>2;
    printf("%d\n",n&m);
    return 0;
}
```

程序运行结果如下:

```
4
```

即 $01110000 >> 2 = 00011100$,$00011100 \& 00000111 = 00000100$。
思考:位运算是否支持 16 位数据?

本 章 小 结

本章主要介绍了位运算中最基本的几个概念。
(1) 逻辑运算,包括按位与、按位或、按位取反、按位异或。

(2) 移位运算,包括左移和右移。

习 题 7

一、单选题

1. 以下( )可以进行按位与运算。
    A.   B. | C. ^   D. ~

2. 以下( )可以进行按位异或运算。
    A.   B. | C. ^   D. ~

3. 以下( )可以进行按位取反运算。
    A.   B. | C. ^   D. ~

4. 以下( )可以进行按位或运算。
    A.   B. | C. ^   D. ~

5. 表达式 $a<<2$ 表示将二进制数 a( )。
    A. 左移 2 位   B. 右移 2 位   C. 第 2 位取反   D. =2

6. 表达式 $a|7$ 表示将二进制数 a( )。
    A. 前 3 位设置为 1,其余设置为 0   B. 前 7 位设置为 1,其余设置为 0
    C. 后 3 位设置为 1,其余设置不变   D. 后 7 位设置为 1,其余设置不变

7. 表达式 $a \& 7$ 表示将二进制数 a( )。
    A. 保留前 3 位,其余设置为 0   B. 保留后 3 位,其余设置为 0
    C. 保留前 3 位,其余设置为 1   D. 保留后 3 位,其余设置为 1

8. 表达式 $a \verb|^| 15$,表示将二进制数 a( )。
    A. 后 4 位取反,其余不变   B. 前 4 位取反,其余不变
    C. 后 4 位取反,其余设置为 0   D. 后 4 位取反,其余设置为 1

9. 以下表达式中,( )可以将二进制数 a 的后 4 位数据设置为 0,其余不变。
    A. $a \& 240$ B. $a|240$ C. $a>>4$ D. $a<<4$

10. 以下表达式中,( )可以将二进制数 a 的前 4 位数据设置为 0,其余不变。
    A. $a \& 31$ B. $a|31$ C. $a>>4$ D. $a<<4$

二、编程题

1. 将一个 8 位二进制整数左移 1 位后输出字符。运行结果如下:

```
输入一个字符: 2↙
输出结果: d
```

2. 将两个 8 位二进制数进行或运算。运行结果如下:

```
输入两个字符 a,b: 3,t↙
输出结果: w
```

3. 将一个 8 位二进制整数的奇数位反翻转(0 变 1,1 变 0),利用函数实现(提示:用二进制数 0b01010101 进行异或运算)。运行结果如下:

4. 取一个 8 位二进制整数从右端开始的 2～6 位，利用函数实现（提示：用二进制数 0b01111100 进行与运算）。运行结果如下：

输入一个字符：**f**↙
输出结果：d

5. 输入一个十进制正整数，以二进制的形式输出。运行结果如下：

输入一个正整数：**30**↙
输出结果：0B11110

第8章 指 针

指针是 C 语言中一个非常重要的概念。在 C 语言编程中使用指针具有速度快、内存省、程序运行效率高,支持二叉树、链表等动态数据结构的优点。

指针变量是一种特殊的变量,在内存中保存的不是一般的数值,而是一个变量的地址。

8-0.mp4

8.1 指 针 变 量

在 C 语言中,变量实际上就是用来存放数据的内存区域,一个变量应该有 3 个基本的属性:变量的类型、变量的值以及变量在内存中的存放位置。

不同类型的变量占据内存字节数也不同。例如,一个字符型变量占 1 字节,一个整型变量占 4 字节。不同类型的变量,在内存中存放数据的格式也会不同。例如,整型变量采用低地址存放低字节、高地址存放高字节的格式,而实型变量采用浮点格式来存放。

变量的地址是在程序运行时系统根据具体情况自动地分配的,在设计程序时不需要了解一个变量的具体地址是多少。

1. 指针的概念

指针是指变量的地址,变量的指针即指向该变量的地址。在 C 语言中提供了地址运算符"&",通过这个运算符就可以获取变量的地址。其格式如下:

```
& 变量名
```

这个表达式的结果就是变量的地址,下面看一个例子。

例 8.1 编程定义一个整型变量,输出该变量的值以及该变量的地址。

解题思路:通过地址运算符"&"了解如何获得变量的地址。

程序代码如下:

8-1.mp4

```c
#include <stdio.h>
int main()
{
    int a;
    a=15;
    printf("变量的值为%d\n",a);
    printf("变量的地址为%ld\n",&a);
    return 0;
}
```

程序运行结果如下:

```
变量的值为 15
变量的地址为 6422300
```

思考：定义一个字符型变量，并进行初始化，输出该变量的值以及地址。

2. 指针变量的定义

指针变量通常用于存放其他变量的地址。指针变量也有类型属性，为了在定义该变量时表明它是指针变量，需要在变量名前加上"＊"，定义格式如下：

类型名　＊指针变量名；

这里的"类型名"指的是指针变量的数据类型，而"指针变量名"指的就是指针变量的名字，指针的类型和指针所指向变量的数据类型要保持一致。在程序中可以使用赋值语句，对指针变量赋值。

例 8.2　定义一个整型变量和一个指针变量并将整型变量的地址赋值给指针变量。

解题思路：这个程序是让用户了解如何利用赋值方式把地址传递给指针变量，以及在内存中指针变量是如何存放变量地址的。

8-2.mp4

程序代码如下：

```
#include <stdio.h>
int main()
{
    int a;
    int * p;
    a=0x5678;
    p=&a;
    printf("该变量的地址为%ld\n",p);
    return 0;
}
```

程序运行结果如下：

该变量的地址为 6422296

当程序运行结束时，整型变量 a 以及指针变量 p 在内存中的存放状态如图 8.1 所示。

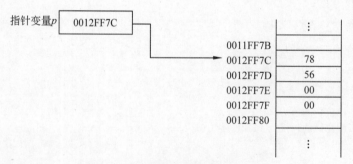

图 8.1　指针变量与整型变量的地址

3. 指针变量的应用

在用到指针变量时，一定要记住，指针变量中只能存放地址，不能存放具体的数据，只能将地址赋值给指针变量。例如：

```
float *p;
p=23.4;                                                    // 错误
```

还有一个指针运算符"＊"。例如，p 是 int 类型的指针变量，$*p$ 的含义是指针变量 p 所指向的存储单元,该存储单元存放的是 int 类型的数据。

例 8.3　通过指针变量访问实型变量。

解题思路：练习通过"&"和"＊"运算符访问实型变量。

程序代码如下：

8-3.mp4

```
#include <stdio.h>
void main()
{
    float a=53.6,b=-30;
    float *p1,*p2;
    p1=&a,p2=&b;
    *p1=90.6;                     //将 90.6 赋值给 p1 所指向的存储单元,即赋给变量 a
    *p2=100;
    printf("变量 a 的值为%f  变量 a 的地址为%ld\n",*p1,p1);
    printf("变量 b 的值为%f  变量 b 的地址为%ld\n",*p1,p1);
    return 0;
}
```

程序运行结果如下：

```
变量 a 的值为 90.599998   变量 a 的地址为 6422292
变量 b 的值为 90.599998   变量 b 的地址为 6422292
```

注意：定义指针变量时要注意指针的类型和指针所指向变量的数据类型要一致。当一个指针变量在未取得确定地址前使用,容易引起错误。

8.2　指针和一维数组

指针和数组之间有着非常密切的关系。一个数组由若干元素组成,每个数组元素也在内存中占用一定的存储单元,所以数组的每个元素都有相应的地址,而且数组元素在内存中的地址是按照下标连续存放的。指针变量也可以指向数组和数组元素,可以通过定义一个指针变量指向数组的起始元素的地址,以达到访问每个数组元素的目的。例如：

```
int a[5]={1,2,3,4,5};
int *p=&a[0];
```

该数组在内存中的存放方式如图 8.2 所示。

对于指向数组的指针变量,可以加上或减去一个整数 n。例如,如果 p 是指向数组 a 的指针变量,则 $p+n$,$p-n$,$p++$,$++p$, $p--$,$--p$ 运算都是合法的。指针变量加上或减去一个整数 n 的意义是把指针指向的当前位置(指向某数组元素)向前或向后移动 n 个位置。

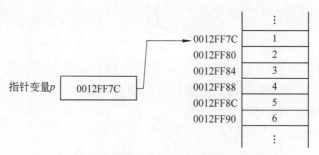

图 8.2　指针变量与一维数组中起始元素的地址

应该注意,数组指针变量向前或向后移动一个位置和地址加 1 或减 1 在概念上是不同的。因为数组可以有不同的类型,指针可以像数组那样使用下标。例如, p 是指向一个数组的指针, $p[k]$ 则指向该数组的第 k 个元素。例如:

```
int a[5], * pa=&a;
pa=pa+2;
```

经过指针运算后, $*$ pa 指向 $a[2]$,即 pa 的值为 $\&$ pa[2]。

注意:

(1) 指针变量的加减运算只能对数组指针变量进行,对指向其他类型变量的指针变量作加减运算是毫无意义的。

(2) 只有指向同一数组的两个指针变量之间才能进行指针变量之间的运算。

(3) 两指针变量相减所得之差是两个指针所指数组元素之间相差的元素个数。例如 pf1 和 pf2 是指向同一个实型数组的两个指针变量,设 pf1 的值为 2010H,pf2 的值为 2000H,而浮点数组每个元素占 4 字节,所以 pf1−pf2 的结果为(2000H−2010H)/4=4,表示 pf1 和 pf2 之间相差 4 个元素。

(4) 两个指针变量不能进行加法运算。

当只用数组名而不用下标和它的"[ ]"时,这个数组名就变成了指向该数组第一个元素的指针。

例 8.4　编程通过指针变量的值依次输出数组各元素的地址和值。

解题思路:通过改变指针变量的值,依次访问数组中的各个元素。

程序代码如下:

8-4.mp4

```
#include <stdio.h>
int main()
{
    int i;
    int c[5]={1,2,3,4,5};
    int * p;
    p=c;
    for (i=0;i<5;i++)
    {
```

```
        printf("c[%i]的地址为%ld\n",i,p);
        printf("c[%d]值为%ld\n",i, * p);
        p++;
    }
    return 0;
}
```

程序运行结果如下：

```
c[0]值为 1
c[1]的地址为 6422280
c[1]值为 2
c[2]的地址为 6422284
c[2]值为 3
c[3]的地址为 6422288
c[3]值为 4
c[4]的地址为 6422292
c[4]值为 5
```

8.3 指针和二维数组

以指针方式访问二维数组，可以从一维数组的结构推导出来。

1. 二维数组元素的地址表示

前面介绍过，C语言允许把一个二维数组分解为多个一维数组来处理。例如：

```
int a[3][4]={1,2,3,4,5,6,7,8,9,10,11,12};
```

假设数组 a 的首地址等于 1000，由于 a 是二维数组名，也是二维数组第 1 行的首地址，a[0] 是第一个一维数组的数组名和首地址，因此 a 和 a[0] 的值都为 1000。

注意：a、* a、a[0] 和 &a[0][0] 是等效的，它表示都是数组元素 a[0][0] 的首地址，所以返回值都为 1000。a+1、*(a+1)、a[1] 和 &a[1][0] 表示的都为二维数组第二行的首地址，返回值为 1010(由于整型的数据类型占 4 字节，地址又是采用十六进制表示的，所以返回值为 1010)。由此可得出：a+i,a[i]、*(a+i)、&a[i][0] 是等同的。

C语言规定，a[i] 表示数组 a 第 i+1 行的首地址。由此得出，a[i]、&a[i]、*(a+i) 和 a+i 也都是等同的。由此可得出 a[i]+j 等于 &a[i][j]。由 a[i]= *(a+i) 得 a[i]+j= *(a+i)+j，由于 *(a+i)+j 是二维数组 a 的 i 行 j 列元素的首地址。该元素的值等于 *(*(a+i)+j)。

例 8.5 通过不同的方式输出二维数组每一行的起始地址。

解题思路：这个程序主要是通过不同的方式让用户了解二维数组的地址是如何表示的。

程序代码如下：

8-5.mp4

```
# include <stdio.h>
int main()
```

```
{
    int a[3][4]={1,2,3,4,5,6,7,8,9,10,11,12};
    printf("%ld %ld %ld\n",a,&a[0],&a[0][0]);
    printf("%ld %ld %ld %ld %ld\n",a+1,*(a+1),a[1],&a[1],&a[1][0]);
    printf("%ld %ld %ld %ld %ld\n",a+2,*(a+2),a[2],&a[2],&a[2][0]);
    printf("%ld %ld\n",a[1]+1,*(a+1)+1);
    printf("%ld\n",*a[0]);
    printf("%ld %ld\n",*(a[1]+1),*(*(a+1)+1));
    return 0;
}
```

程序运行结果如下:

```
6422256 6422256 6422256
6422272 6422272 6422272 6422272 6422272
6422288 6422288 6422288 6422288 6422288
6422276 6422276
1
6 6
```

2. 指向二维数组的指针变量的定义

二维数组指针变量定义格式:

```
类型标识符 (*指针变量名)[长度]
```

其中,类型标识符为指针指向数组的数据类型。"*"表示其后的变量是指针类型。长度表示二维数组分解为多个一维数组时,一维数组的长度,也就是二维数组的列数。例如:

```
int a[3][4];
int (*p)[4]=a;
```

说明:p 是指向二维数组 a[3][4] 的指针变量。从前面的分析可得出 *(p+i)+j 是二维数组 i+1 行 j+1 列的元素的地址,而 *(*(p+i)+j)则是 i+1 行 j+1 列元素的值。

例 8.6 利用指向二维数组的指针变量来访问二维数组中的元素。

解题思路:定义 p 是指向二维数组的指针变量,*(p+i)+j 是第 i+1 行 j+1 列元素的地址。根据这个地址就可以访问到每个数组元素。

8-6.mp4

程序代码如下:

```
#include <stdio.h>
int main()
{
    int a[3][4]={1,2,3,4,5,6,7,8,9,10,11,12};
    int (*p)[4];
    int i,j;
    p=a;
    for (i=0;i<3;i++)
```

```
        for (j=0;j<4;j++)
            printf("%d ",*(*(p+i)+j));
    return 0;
}
```

程序运行结果如下：

```
1 2 3 4 5 6 7 8 9 10 11 12
```

注意：定义指向二维数组的指针变量时，要注意格式是 int(＊p)[4]，不能省略"()"，否则表示的意思是定义了 4 个元素的指针数组。

8.4 指针和字符串

字符串指针变量的定义和与指向字符变量的指针变量说明是相同的，对指向字符变量的指针变量应赋予该字符变量的地址。例如：

```
char c,*p=&c;
char *s="C Language";
```

其中，p 表示是一个指向字符变量 c 的指针变量。s 表示是一个指向字符串的指针变量。把字符串的首地址赋予 s。

例 8.7 指针和字符串的关系。

程序代码如下：

```
#include <stdio.h>
int main()
{
    char *ps="this is a book";
    int n=10;
    printf("%s\n",ps);
    ps=ps+n;
    printf("%s\n",ps);
    return 0;
}
```

8-7.mp4

程序运行结果如下：

```
this is a book
book
```

在这个程序中对 ps 初始化时，即把字符串首地址赋予 ps，所以输出的结果为"this is a book"，而当 ps＝ps＋10 之后，ps 指向字符"b"，因此输出为"book"。

例 8.8 编写程序，利用指针，在输入的字符串中查找有无字符"k"。

解题思路：定义指向字符串的指针变量，通过改变 ps 这个地址变量的值，来访问每个

8-8.mp4

字符。

程序代码如下：

```
#include <stdio.h>
void main()
{
    char st[20], * ps;
    printf("请输入一字符串:");
    scanf("%s",st);
    for (ps=st; * ps!='\0';ps++)
    {   if ( * ps=='k')
        {
            printf("有 k 字符\n");
            break;
        }
    }
    if ( * ps=='\0')
        printf("没有 k 字符\n");
    return 0;
}
```

程序运行结果如下：

```
请输入一字符串: abcjkl↙
有 k 字符
```

思考：能否用字符指针变量 ps 代替 st 字符数组名,通过下标方式来访问数组元素呢?
使用字符串指针变量与字符数组的区别。

（1）字符串指针变量本身是一个变量,用于存放字符串的首地址。而字符串本身是存放在以该地址为首的一块连续的内存空间中并以'\0'作为串的结束。字符数组是由若干字符组成的,它可用来存放整个字符串。例如:

```
char st[]="C Language";
char * ps="C Language";
```

（2）字符串常量可以使用赋值语句将指针变量赋值给字符串,而不能赋值给字符数组。
例如:

```
char * ps;
ps="C Language";
```

不能写成

```
char st[20];
st="C Language";
```

只能对字符数组的各元素逐个赋值,或者使用字符串复制函数 strcpy 进行赋值。

例 8.9 已知 5 位学生的 3 门课程考试成绩,用指针法编程计算每门课程的平均分。

解题思路: 先定义 str[5][3]来存放 5 位学生 3 门课程的成绩,再定义指向二维数组的指针变量 p,把二维数组 str[5][3]的起始地址赋值给 p,i 和 j 作为行列下标的变量。在该程序中, * (* (p+j)+i)表示的含义是取出下标值为 j 行 i 列的元素,主要就是利用 * (* (p+j)+i)来计算数组的每一行的 3 门课程之和。当内部循环结束时,输出 sum/3 即为 3 门课程的平均分。

8-9.mp4

程序代码如下:

```c
#include <stdio.h>
int main()
{
    int st[5][3];
    int (*p)[3];
    int i,j;
    float sum;
    p=st;
    for (i=0;i<=4;i++)
        for (j=0;j<=2;j++)
            scanf("%d",&st[i][j]);
    printf("每门课程的平均分分别为");
    for (i=0;i<=2;i++)
    {
        sum=0;
        for (j=0;j<=4;j++)
        {   sum+= * ( * (p+j)+i);   }
        printf("%f\t",sum/5);
    }
    return 0;
}
```

程序运行结果如下:

```
66 77 88
77 88 90
50 60 70
65 76 87
98 87 80
每门课程的平均分分别为
71.200000        77.600000        83.000000
```

例 8.10 用指针法编程实现对 4 个字符串进行升序排序。

解题思路: 用二维数组 st[4][20]存放 4 个字符串,定义 p 是指向二维数组 st[4][20]的指针变量,定义字符类型的指针 min 存放最小的字符串所对应的起始地址,a[20]作为字符串交换时的临时字符数组。先输入 4 个字符串存放在二维数组 st[4][20]中,利用循环变量 i 作为字符串所对应的行数下标。首先把第一个字符串的地址赋值给 min,内部循环从第二个字符串开始,把后面的字符串同 * min 所指的字符串进行比较,找到 4 个字符串的最

8-10.mp4

小值,把该字符串同第一个字符串进行交换。继续循环,把第二个字符串的地址赋值给min,内部循环从第三个字符串开始,找到后 3 个字符串中的最小值和第二个字符串交换位置……直到所有循环结束。最后输出排好序的 4 个字符串。

程序代码如下:

```
#include <stdio.h>
#include <string.h>
void main()
{
    char st[4][20];
    char (*p)[20];
    char *min,a[20];
    int i,j;
    p=st;
    for (i=0;i<=3;i++,p++)
    {
        printf("请输入第"<<i+1<<"个字符串: ");
        scanf("%s",*p);
    }
    for (p=st,i=0;i<3;i++,p++)
    {
        min=*p;
        for (j=1;j<=3-i;j++)
        {
            if (strcmp(min,*(p+j))>0)
            {   min=*(p+j);}
        }
        strcpy(a,min);
        strcpy(min,*p);
        strcpy(*p,a);
    }
    printf("排序后的字符串为\n");
    for (p=st,i=0;i<=3;i++,p++)
        printf("%s ",*p);
    return 0;
}
```

程序运行结果如下:

请输入第 1 个字符串: **abcd**↙
请输入第 2 个字符串: **abdef**↙
请输入第 3 个字符串: **wert**↙
请输入第 4 个字符串: **hgfd**↙
排序后的字符串为
abcd abdef hgfd wert

本章小结

指针是 C 语言中的一个重要概念及其特点,也是掌握 C 语言比较困难的部分。指针也就是内存地址,指针变量是用来存放内存地址的变量,在同一个 CPU 构架下,不同类型的指针变量所占用的存储单元长度是相同的,而存放数据的变量因数据的类型不同,所占用的存储空间长度也不同。有了指针以后,不仅可以对数据本身,也可以对存储数据的变量地址进行操作。

指针描述了数据在内存中的位置,标示了一个占据存储空间的实体,在这一段空间起始位置的相对距离值。在 C 语言中,指针一般被认为是指针变量,指针变量的内容存储的是其指向的对象的首地址,指向的对象可以是变量(指针变量也是变量)、数组、函数等占据存储空间的实体。

习　题　8

一、单选题

1. 以下选项(　　)不是变量的基本属性。

    A. 变量的类型   B. 变量的值

    C. 变量在内存中的存放位置   D. 变量的名称

2. 指针是指变量的(　　)。

    A. 地址   B. 值   C. 数据类型   D. 名称

3. 语句

```
int * p;
```

表示(　　)。

    A. p＝p * p   B. 定义指针变量 p

    C. 获取变量 p 的地址   D. 语法错误

4. 表达式 &a 表示(　　)。

    A. 对 a 进行按位与运算   B. 定义指针变量 a

    C. 获取变量 a 的地址   D. 语法错误

5. 语句

```
int * p=&a[0];
```

表示(　　)。

    A. 将数组 a 的首地址赋予 p   B. 将数组 a[0] 的值赋予 p

    C. 将数组的全部值设置为 0   D. 将变量 a 的值设置为 0

6. 指针变量的加减运算只能对(　　)变量进行。

    A. 整型指针   B. 浮点型指针   C. 数组指针   D. 以上都可以

二、编程题（用指针实现）

1. 输入一个字符串并计算长度。运行结果如下：

输入一个字符串：**abcdefg**↙
输出结果：7

2. 写一函数，将 3×3 整数矩阵转置输出。运行结果如下：

输入一个 3×3 整数矩阵：
1 2 3↙
4 5 6↙
7 8 9↙
转置结果：
1 4 7
2 5 8
3 6 9

3. 将 10 个整数按由小到大排列。运行结果如下：

输入 10 个整数(空格隔开)：**11 12 13 8 7 6 5 1 0 3**↙
排序后结果：0 1 3 5 6 7 8 11 12 13

4. 输入一个字符串，内有数字和字母，将数字存至数组 a 中，字母存放至数组 b 中。运行结果如下：

输入一个字符串：**abc123def456**↙
数组 a：123456
数组 b：abcdef

第9章 文　　件

9-0.mp4

在处理实际问题时,常常需要处理大量数据。这些数据以文件的形式存储在外部介质(如磁盘)上,需要时从磁盘调入计算机内存中,在处理完毕后输出到磁盘上存储起来。

本章主要介绍文件的处理方法。

通常情况下,文件是指存储在外部介质上的一组相关数据集合。它有两个特征:一个数据集合可以用一个名字命名;保存在磁带、磁盘、光盘、闪盘等外部介质上,可以长期保存。例如,用 WPS 或 Word 等文字处理软件写一篇文章,起名后存放到磁盘上就是一个文件。与程序设计有关的文件,按内容不同可分为源程序文件、目标程序文件、可执行程序文件和数据文件等。

本章主要讨论数据文件,即如何将程序处理的数据组织成文件保存到外部介质上,以及怎样从外部介质读取这些数据。

9.1　文件的类型

数据以文件的形式存放在外部介质上,而操作系统则以文件为单位对数据进行管理。也就是说,如果想寻找保存在外部介质上的数据,必须先按文件名找到指定的文件,然后再从该文件中读取数据。要向外部介质存储数据,必须先以文件名为标识建立一个文件,才能向它输出数据。

在程序运行时,常常需要将一些数据(包括运行的最终结果或中间数据)输出到磁盘上进行存放,以便在需要时从磁盘中输入计算机内存。这样一来,就要用到磁盘文件。除磁盘文件外,操作系统把每个与主机相连的输入输出设备都看作文件来管理。例如,键盘可看作输入文件,显示屏和打印机可看作输出文件。

文件在 C 语言中可被看作由字符(字节)的数据顺序组成的一种序列,并将它们按数据的组织方式分为 ASCII 码文件和二进制文件两种。

ASCII 文件也称为文本文件,由字符序列组成,可在屏幕上按字符显示。这种文件在磁盘中存放时每个字符占用 1 字节,用于存放对应的 ASCII 码,最小信息单位为字符。源程序文件就是 ASCII 文件,由于是按字符显示,因此能读懂文件内容。例如 50201,共有 5 个字符,每个字符占 1 字节,故共占 5 字节。

二进制文件是把数据按内存的存储方式直接存储在磁盘上的一种形式,最小存取单位为字节。二进制文件虽然也可在屏幕上显示,但其内容无法读懂。例如,50201 的二进制表示为 0110000101000001。

二进制文件节省存储空间且输入输出的速度快,这是因为在输出时不需要把数据由二进制形式转换为字符代码,在输入时也不需要把字符代码先转换成二进制形式然后存入内存。如果存入磁盘中的数据只是暂存的中间结果数据,以后还要调入继续处理,一般用二进制文件以节省时间和空间。如果输出的数据是准备作为文档供给人们阅读的,一般用字符代码文件,可通过显示器或打印机转换成字符输出。

高级程序设计语言都能提供字符代码文件(ASCII 文件)和二进制文件,可用不同的方法读写这两种不同的文件。

9.2　文　件　名

每个文件都必须有文件名。文件名包括 3 部分:文件路径、文件名主干和文件名后缀。文件路径表明文件的存储位置。在 Windows 操作系统中用"\"作为目录、子目录、文件之间的分隔。例如:

```
f:\exe3\file1.txt
```

是将文件 file1.txt 保存在 f 盘中的 exe3 目录(文件夹)中。

但是,在 C 语言程序中,由于"\"是作为转义字符的起始符号,因此如果想用"\"时要用"\\"表示。即要写成

```
f:\\exe3\\file1.txt
```

文件名是文件的主要标志,它必须符合 C 语言关于标识符的规定。

文件名后缀,用于对文件进行补充说明,一般不超过 3 个字符,通常用特定的后缀表明文件的类型。例如.txt 表明是纯字符文件,用.c 表示是 C 语言源程序文件,用.exe 表示是可执行文件等。

9.3　文件的位置指针与读写方式

为了进行读写,系统要为每个文件设置一个位置指针,用于指向当前的读写位置。文件位置指针的初始值可以按照程序员要进行的操作自动初始化。

当要进行读写时,文件的位置指针的初始值为文件头。

当要为文件追加数据时,文件的位置指针指向文件尾。

通常情况下,在 ASCII 文件中每进行一次读或写,位置指针就自动加 1,并指向下一个字符位置,为下一次读或写作准备,形成顺序读写方式。

为了方便使用,C 语言允许人为地移动位置指针,使位置指针跳动一个距离,或返回文件头,形成文件的随机读写方式。

9.4　FILE 类型指针

要对文件进行操作,就要了解文件的有关信息,文件的信息包括文件名、文件状态、文件的当前位置等。C 语言定义一个 FILE 结构体类型用于存储这些信息,格式如下:

```
typedef struct
{
    short level;                    //缓冲区使用程度
```

```
    char fd;                      //文件描述符
    short bsize;                  //缓冲区大小
    unsigned char * buffer;       //缓冲区的位置
    unsigned flag;                //文件状态标志
    unsigned char hold;           //如无缓冲区则不读字符
    unsigned char * curp;         //指针,当前指向
    unsigned istemp;              //临时文件,指示器
    short token;                  //有效性检查
}FILE;
```

对 FILE 这个结构体类型的定义是在 stdio.h 头文件中由系统完成的,只要程序涉及一个磁盘文件的处理,系统就为此文件开辟一个如上的结构体变量。有几个文件就开辟几个这样的结构体变量,分别用来存放各个文件的有关信息。这些结构体变量不用变量名来标识,而通过指向结构体类型的指针变量去访问,这就是"文件指针"。例如:

```
FILE * fp;
```

表示 fp 是指向 FILE 结构的指针变量。其中,fp 为指向一个文件的指针。

```
FILE * fp1, * fp2, * fp3;
```

表示定义了 3 个指针变量 fp1、fp2、fp3。它们都是指向 FILE 类型结构体数据的指针变量。

定义文件类型指针变量的一般形式如下:

```
FILE * 文件指针变量名;
```

9.5　标准文件

C 语言的标准 I/O 库中定义了 3 个 FILE 型指针:stdin(标准输入文件)、stdout(标准输出文件)和 stderr(标准错误文件),它们可被任何程序使用,称为标准文件(standard file)指针,简称标准文件。

通常标准文件指针都隐含指向控制台(终端设备),即在终端上进行输入输出。

(1) stdio:输入来自键盘。

(2) stdout 和 stderr:输出到屏幕。

本书所有程序中的输入输出操作都是基于这些标准文件的,所以无须特别指定输入输出的对象(外部存储介质)。

9.6　流

对文件的操作是高级语言的一种重要功能。由于对文件的操作要与各种外部设备发生联系,而所有外部设备都由操作系统统一管理,因此对文件的输入输出必须通过操作系统实现。

程序对文件的操作(读写)过程如图 9.1 所示。对文件进行读写,首先要为文件建立一个相应的缓冲区。当要向文件写数据时,程序先把数据送到缓冲区,再从缓冲区把数据送到外部设备的指定文件中;当要从文件读取数据时,也要先把数据送到缓冲区,再由变量从缓冲区中提取相应的数据。

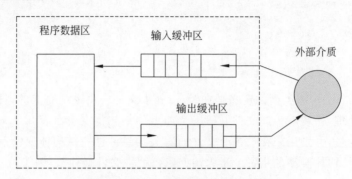

图 9.1　程序对文件的操作(读写)过程

缓冲区可以由系统为每个文件自动设置,也可以由程序员人工设置。采用前者的系统称为缓冲文件系统,而由根据需要人工设置缓冲区的系统称为非缓冲文件系统。ANSI C 只建议使用缓冲文件系统,并对缓冲文件系统的功能进行了扩充,使之既能用于处理字符代码文件,也能处理二进制文件。

在现代操作系统中,考虑到一个计算机系统要使用键盘、显示器、打印机、磁盘等多个外部设备。为了简化用户对这些设备的操作,使用户不必考虑具体设备之间的差异,可以将设备-缓冲区-应用程序之间的输入输出过程抽象为"数据的流动",并称为流(stream)。这样就可以使用统一的流处理函数进行设备(文件)的操作。

流包含了设备(文件)、缓冲区以及操作性质、状态等。要进行文件操作,首先要建立一个流。

只有建立了与文件相应的流,与该文件相应的文件结构体变量(即文件的信息区)才会有具体的值,FILE 类型的指针才会指向相应文件的结构体变量。图 9.2 为 3 个 FILE 类型的指针指向对应的文件信息区(结构体变量)的示意图。所以文件指针和流是 C 语言文件系统的两个很重要的概念。

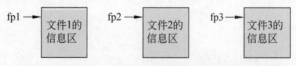

图 9.2　3 个 FILE 类型的指针指向对应的文件信息区

9.7　文件的输入输出

9.7.1　文件的打开与关闭

同其他语言一样,C 语言规定:对文件进行读写操作之前应该首先打开该文件,在操作结束之后应关闭该文件。

1. 打开文件

标准输入输出函数库中的 fopen() 函数用于文件打开操作，fopen() 函数的用法如下：

```
FILE * fp;
fp=fopen(文件名,文件操作方式);
```

说明：

(1) 文件名应当包含文件路径、主文件名和文件后缀，即提供找到文件的有关信息。

(2) 应当理解文件操作用方式的意义。文件操作方式如表 9.1 所示。

表 9.1 文件操作方式

文件操作方式	含 义	指定文件存在	指定文件不存在
"r"	以只读方式打开一个文本文件	正常打开	出错
"w"	以只写方式生成一个文本文件	原文件内容丢失	建立新文件
"a"	对一个文本文件内容进行添加	原文件尾部追加数据	建立新文件
"rb"	以只读方式打开一个二进制文件	正常打开	出错
"wb"	以只写方式生成一个二进制文件	原文件内容丢失	建立新文件
"ab"	为一个二进制文件添加内容	原文件尾部追加数据	建立新文件
"r+"	以可读可写方式打开一个文本文件	正常打开	出错
"w+"	以可读可写方式生成一个文本文件	原文件内容丢失	建立新文件
"a+"	以可读可写方式打开或生成一个文本文件	原文件尾部追加数据	建立新文件
"rb+"	以可读可写方式打开一个二进制文件	正常打开	出错
"wb+"	以可读可写方式生成一个二进制文件	原文件内容丢失	建立新文件
"ab+"	以可读可写方式打开或生成一个二进制文件	原文件尾部追加数据	建立新文件

(3) fopen() 函数执行成功，则返回一个 FILE 类型的指针值；如果执行失败（如文件不存在、设备故障、磁盘满等原因），则返回一个 NULL 值。通常把该函数的返回值赋值给一个 FILE 类型的指针变量，后面就可以使用这个指针变量对文件进行操作。因此，打开一个文件的常用方法如下：

```
FILE * fp;
if ((fp=fopen("file1","r"))==NULL)
{
    printf("不能打开此文件\n");
    exit(1);
}
```

这种用法可以在写文件之前先检验已打开的文件是否成功。

(4) 在向计算机输入文本文件时，将回车换行符转换一个换行符，在输出时把换行符转换为回车和换行两个字符。在用二进制文件时，不进行这种转换，在内存中的数据形式与输出到外部文件中的数据形式完全一致，一一对应。

（5）磁盘文件在使用前先要打开,而对终端设备,尽管它们也作为文件来处理,但为什么在前面的程序中从未使用过"打开文件"的操作呢? 这是由于在程序运行时,系统自动地打开 3 个标准文件: 标准输入、标准输出和标准出错输出。系统自动地定义了 3 个指针变量: stdin、stdout 和 stderr,分别指向标准输入、标准输出和标准出错输出。这 3 个文件都以终端设备作为输入输出对象。如果指定输出一个数据到 stdout 所指向的文件,就是指输出到终端设备。为了使用方便,允许在程序中不指定这 3 个文件,也就是说,系统隐含的标准输入输出文件是指终端。

2. 关闭文件

简单地说,关闭文件就是撤销与操作文件相关的流。即通过关闭操作,通知系统释放相应的文件信息区(结构体变量)。这样一来,原来的指针变量不再指向该文件,此后也就不可能通过此指针访问该文件。

如果是执行写操作后用 fclose()函数关闭文件,则系统会先输出文件缓冲区的内容(不论缓冲区是否已满)给文件,然后再关闭文件。这样,就可以防止应写到文件上的数据丢失。如果不关闭文件而直接使程序停止运行,就会丢失缓冲区中还未写入文件的信息。因此文件用完后必须关闭。

C 语言中,关闭缓冲文件使用 fclose()函数,它的格式如下:

```
fclose(文件指针变量);
```

例如:

```
fclose(fp);
```

其中,fp 是一个调用 fopen()函数时返回的文件指针。若关闭文件成功,则 fclose()函数返回值为 0;若 fclose()函数的返回值不为 0,则说明出错了。

9.7.2 文件的顺序读写

1. 文件的字符读写

（1）写一个字符到磁盘文件。

```
int fputc(int ch, FILE * fp);
```

其中,ch 为要写到文件的字符,fp 为 FILE 类型的数据文件指针变量(简称为指向该文件的指针)。

功能: 把字符变量的值输出到指针变量 fp 所指向的文件。

返回: 若该函数执行成功,则返回输出的字符;若失败,则返回 EOF。

例 9.1 写一个字符到磁盘文件。

程序代码如下:

9-1.mp4

```
#include <stdio.h>
#include <stdlib.h>
int main()
{
    FILE * fp;
```

```
    int ch;
    if ((fp=fopen("file1.txt","w"))==NULL)
    {
        printf("Cannot open this file.\n");
        exit(1);
    }
    while ((ch=getchar())!='\n')
        fputc(ch, fp);
    fclose(fp);
    return 0;
}
```

程序运行结果如下：

I love China.↙

输入的字符将逐个被输出到磁盘文件 file1.txt 中。

（2）从磁盘文件中读一个字符。

fgetc()函数能从磁盘文件接收一个字符，其原型如下：

```
int fgetc(FILE * fp);
```

例 9.2　从磁盘文件中读一个字符。

程序代码如下：

9-2.mp4

```
#include <stdio.h>
#include <stdlib.h>
int main()
{
    FILE * fp;
    char ch;
    if (( fp=fopen("file1.txt","r"))==NULL)
    {
        printf("Cannot open this file.\n");
        exit(1);
    }
    while (( ch=fgetc(fp))!=EOF)
        putchar(ch);                  /* 将用 fgetc()读入的字符逐个显示 */
    fclose(fp);
    return 0;
}
```

程序运行结果如下：

```
I love China.
```

例 9.3　统计已有文件 file1.txt 中的字符个数。

程序代码如下：

9-3.mp4

```
#include <stdio.h>
#include <stdlib.h>
int main(void)
{
    FILE * fp;
    int count=0;
    if ((fp=fopen("file1.txt","r"))==NULL)
    {
        printf("Cannot open this file.\n");
        exit(1);
    }
    while (fgetc(fp)!=EOF)
        count++;
    fclose(fp);
    printf("该文件共有%d个字符。",count);
    return 0;
}
```

程序运行结果如下：

该文件共有 13 个字符。

例 9.4 统计文件 file1.txt 中的单词个数。

程序代码如下：

9-4.mp4

```
#include <stdio.h>
#include <stdlib.h>
int main()
{
    FILE * fp;
    char ch;
    char fname[81];
    int white=1;                                    //白字符标记
    int count=0;                                    //单词记数器
    printf("请输入一个文件名: ");
    scanf("%s",fname);
    if ((fp=fopen(fname,"r"))==NULL)                 //打开文件
    {
        printf("Cannot open file %s.",fname);
        exit(1);
    }
    while ((ch=fgetc(fp))!=EOF)
    //从文件中逐个读取字符直到文件尾
        if (ch==' '||ch=='\t'||ch=='\n')            //空格、制表和换行
            white++;
        else
        if (white) {white=0; count++;}
        //前为空白字符,现为非空白字符,即遇到一个单词统计一个
        //前为非空白字符,现为空白字符,即为同一个单词中的字符,不统计
    fclose(fp);
    printf("文件'%s'中有%d个单词。", fname, count);
```

```
    return 0;
}
```

程序运行结果如下：

请输入一个文件名：**file1.txt**↙

文件'file1.txt'中有 3 个单词。

2. 文件的字符串读写

（1）fputs()函数。

fputs()函数可以向文件写入一个字符串，其原型如下：

```
int fputs (const str, FILE * fp);
```

其中，str 表示字符数组或字符串。

功能：把字符数组 str 中的所有字符（或字符指针指向的串，或字符串常量）输出到 fp 所指向的文件，但字符串结束符'\0'不输出。

返回：成功，返回非负值；失败，返回 EOF。

（2）fgets()函数。

fgets()函数可以从文件读取一个字符串，其原型如下：

```
char * fgets (char * str, int n, FILE * fp);
```

其中，str 表示存放读入的字符串；n 表示送入到 str 中的字符个数，包括从文件中读取的 $n-1$ 个字符和自动添加的'\0'。

功能：从 fp 指向的文件读取 $n-1$ 个字符，放到字符数组 str 中。如果在读入 $n-1$ 个字符完成之前遇到换行符'\n'或文件结束符 EOF，即结束读入。但将遇到的换行符'\n'也作为一个字符送入 str 数组。在读入的字符串之后自动加一个'\0'。

若执行成功，则返回 str 数组首元素的地址；如果一开始就读到文件尾或读数出错，则返回 NULL。

例 9.5　编写程序 1，用于从键盘上输入若干行字符，把它们输出到磁盘文件 file2.txt 上；编写程序 2，用于显示文件 file2.txt 中的内容。

程序 1 代码如下：

9-5.mp4

```
#include <stdio.h>
#include <stdlib.h>
#include <string.h>
int main()
{
    FILE * fp;
    char st[81];
    if ((fp=fopen("file2.txt","w"))==NULL)
    {
        printf("Can't open file.");
        exit(1);
    }
```

```
    while (strlen(gets(st))>0)
    {
        fputs(st, fp);
        fputs("\n", fp);
    }
    fclose(fp);
    return 0;
}
```

程序运行结果：

This is a book. ↙

（程序结束，文件被写入）

程序 2 的代码如下：

```
#include <stdio.h>
#include <stdlib.h>
int main()
{
    FILE * fp;
    char string[81];
    if ((fp=fopen("file2.txt","r"))==NULL)
    {
        printf("Can't open file.");
        exit(1);
    }
    while (fgets(string,81,fp)!=NULL)
    {
        printf("%s",string);
    }
    fclose(fp);
    return 0;
}
```

9.7.3 文件的格式化读写

1. 文件的格式化写

例 9.6 格式化写数据到文件。

程序代码如下：

9-6.mp4

```
#include <stdio.h>
#include <stdlib.h>
#include <string.h>
int main()
{
    FILE * fp;
    char name[20];
    int num;
    float score;
```

```
    if ((fp=fopen("d:\\file3.txt","w"))==NULL)
    {
        printf("Can't open file.");
        exit(1);
    }
    while(1)
    {
        printf("type name:");
        scanf("%s",name);
        if (strlen(name)==1)
            break;
        printf("type num,score:");
        scanf("%d %f", &num, &score);
        fprintf(fp,"%s %d %f\n",name, num, score);
    }
    fclose (fp);
    return 0;
}
```

程序运行结果如下：

```
type name: name1 ↙
type num,score: 1001 66 ↙
type name: name2 ↙
type num,score: 1002 77 ↙
type name: name3 ↙
type num,score: 1003 83 ↙
type name: 1 ↙
```

（程序结束，文件被写入）

2. 文件的格式化读

例 9.7 以给定的格式从文件中读取数据。

程序代码如下：

9-7.mp4

```
#include <stdio.h>
#include <stdlib.h>
int main()
{
    FILE * fp;
    char name[20];
    long num;
    float score;
    if ((fp=fopen("d:\\file3.txt","r"))==NULL)
    {
        printf("Can't open file.");
        exit(1);
    }
    while (fscanf(fp, "%s %ld %f",name, &num, &score)!=EOF)
        printf("%-20s %6ld %6.2f\n", name, num, score);
    fclose (fp);
    return 0;
}
```

程序运行结果如下：

name1	1001	66.00
name2	1002	77.00
name3	1003	83.00

例 9.8 文本文件读写示例程序。

解题思路：该程序首先建立一个包含 26 个小写字母的文本文件 myfile.txt，然后将该文件的内容逐字符读到内存变量中并将其输出在屏幕上。

程序代码如下：

```c
#include "stdio.h"
#include "stdlib.h"
int main()
{
    char ch='a';
    FILE * fp;
    fp=fopen("myfile.txt","w");        //以写的方式打开文件 myfile.txt
    if (fp==NULL)                      //检查文件是否正常打开
    {
        printf("myfile.txt can't open\n");
        exit(0);                       //打开失败,结束程序
    }
    while (ch<='z')
    {
        fprintf(fp,"%c",ch);
        ch++;
    }
    fprintf(fp,"\n",ch);
    fclose(fp);
    fp=fopen("myfile.txt","r");        //以读的方式打开文件 myflie.txt
    if (fp==NULL)                      //检查文件是否正常打开
    {
        printf("myfile.txt can't open\n");
        exit(0);                       //打开失败,结束程序
    }
    while (!feof(fp))
    {
        fscanf(fp,"%c",&ch);
        printf("%c",ch);
    }
    printf("\n");
    fclose(fp);
    return 0;
}
```

程序运行结果如下：

abcdefghijklmnopqrstuvwxyz

对文本文件进行读写操作之前,首先要打开文件,必要时还要对打开的文件进行是否成功打开的检查,然后再对文件流按打开的方式进行读写操作,完毕后对文件正常关闭。

9.7.4 二进制文件的读写

文件位置指针的定位函数有以下 3 种。

(1) fseek()函数。fseek()函数的作用是使位置指针移动到所需的位置。fseek()函数的原型如下:

```
int fseek(FILE * fp, long int offst, int orgn);
```

其中参数含义如下。

① orgn:起始点,可以用数字代替,也可以用 stdio.h 中所定义的宏来代替,如表 9.2 所示。在创建流对象或是打开文件时,与流对象相关联的文件默认的形式为文本方式,若要操作二进制文件,必须显式地声明二进制模式,即 ios::binary。对二进制文件常使用成员函数 read()和 write()实现读写操作,也可以使用提取和插入符进行读写。

表 9.2　fseek()中的起始点参数

数　值	宏　　名	意　义
0	SEEK_SET	文件头
1	SEEK_CUR	当前位置
2	SEEK_END	文件尾

② offst:位移量,指以起始点为基点向前移动的字节数。

如果值为负数,表示向后移。"向前"是指从文件开头向文件末尾移动的方向。位移量应为 long int 型数据。例如:

```
fseek(fp,10L,0);            //位置指针移动到离文件开始 10B 处
fseek(fp,-20L,1);           //位置指针从当前位置向后移动 20B
fseek(fp,-50L,2);           //位置指针从文件末尾后移 50B
```

若执行成功,则返回 0;若失败,则返回一个非零值。

(2) ftell()函数。ftell()函数能告知用户位置指针的当前指向。

例如,ftell(fp)的值是 fp 所指向的文件中位置指针的当前指向。如果出错(例如不存在此文件),则 ftell()函数返回值为-1。其原型如下:

```
long int ftell(FILE * fp);
```

(3) rewind()函数。rewind()函数的作用是使位置指针重新返回到文件的开头处,此函数无返回值。其原型如下:

```
void rewind(FILE * fp);
```

例 9.9　编写一个程序,将磁盘文件 1 的内容复制到磁盘文件 2 中。

9-9.mp4

程序代码如下：

```
#include <stdio.h>
#include <stdlib.h>
char buff[32768];
int main ()
{
    FILE *fp1, *fp2;
    unsigned int bfsz=32768;
    unsigned long i=0;
    char ifile[80],ofile[80];
    scanf("%s",ifile);
    scanf("%s",ofile);
    if (( fp1=fopen (ifile,"rb"))==0)
    {
        printf("Can't open file %s.",ifile);
        exit(1);
    }
    if ((fp2=fopen (ofile,"wb"))==0)
    {
        printf("Can't open file %s.",ofile);exit(1);
    }
    while (bfsz)
    {
        if (fread (buff,bfsz, 1, fp1))
        {
            fwrite(buff, bfsz, 1, fp2);
            i=i+bfsz;
        }
        else
        {
            fseek(fp1,i,0);
            bfsz=bfsz/2;
        }
    }
    fclose(fp1);
    fclose(fp2);
    return 0;
}
```

程序运行结果如下：

myfile.txt↙
myfile1.txt↙

（程序结束，文件 myfile.txt 被复制为另一文件 myfile2.txt）

说明：程序的基本操作是将文件 1 中的数据读入，然后输出到文件 2 中。程序中指定一次读入的字节数。

（1）bfsz 指定一次读入或输出的字节数。设在一般情况下，一次将磁盘文件 1 中的 32768B 读入内存的一个数组中，开始时设定 bfsz 的值为 32768，如果第一次能读入 32768B，fread()函数的返回值为 1，则输出 32768B 给磁盘文件 2。

（2）程序保存文件当前读写位置，即位置指针。当读到最后一个记录时，磁盘文件中的剩余数据往往不足 32768B，这时 fread()函数返回 0，程序执行 else 部分，fseek()函数使位置指针指向自文件开始处起的第 i 字节处,即已复制部分的末尾。

本 章 小 结

文件是指一组相关数据的有序集合。这个数据集有一个名称,称为文件名。通常是驻留在外部介质(如磁盘等)上的,在使用时才调入内存中。文件的操作包括打开、关闭,读取、写入等,文件写入打开后必须要关闭,否则数据会丢失。

习 题 9

一、单选题

1. 下列关于文件打开方式 w 和 a 的描述中,错误的是(   )。

    A. 它们都可以向文件写入数据   B. 以 w 方式打开的文件从头写入数据

    C. 以 a 方式打开的文件从尾写入数据   D. 它们都不清除原文件内容

2. 标准函数 fgets(s,n,f) 的功能是(   )。

    A. 从文件 f 中读取长度为 n 的字符串存入指针 s 所指的内存

    B. 从文件 f 中读取长度不超过 $n-1$ 的字符串存入指针 s 所指的内存

    C. 从文件 f 中读取 n 个字符串存入指针 s 所指的内存

    D. 从文件 f 中读取 $n-1$ 字符串存入指针 s 所指的内存

3. 下列关于 C 语言数据文件的叙述中正确的是(   )。

    A. 文件由 ASCII 码字符序列组成,C 语言只能读写文本文件

    B. 文件由二进制数据序列组成,C 语言只能读写二进制文件

    C. 文件由记录序列组成,可按数据的存放形式分为二进制文件和文本文件

    D. 文件由数据流形式组成,可按数据的存放形式分为二进制文件和文本文件

4. 若要用 fopen() 函数打开一个新的二进制文件,该文件既能读也能写,则文件打开方式为(   )。

    A. ab+   B. wb+   C. rb+   D. ab

二、编程题

1. 统计一个文本文件中字母、数字及其他字符各有多少个。运行结果如下:

```
字母: xx 个
数字: xx 个
其他字符: xx 个
```

2. 从键盘输入一系列整数(以特殊数值 -1 结束),写入一个文本文件中,文件中的数据用","分隔。运行结果如下:

```
输入若干整数: 1 2 3 4 5 6 7 8 9 10 -1↙
运行结束。
```

3. 打开一个包含若干整数的文本文件(每个数据以空格隔开,换行结束),把文件中所有数据相加,并将累加的和写入文件最后。

第二部分　应　用　篇

第10章 图形设计

在 Dev-C++ 环境下实现图形设计,需要引入 graphics.h 头文件,包含像素函数、线型函数、画线函数、画圆函数、写文字函数等多种函数,可以进行图形的快速编程。由于 graphics.h 是 C++ 的图形库,因此绘图程序需要保存成.cpp 格式。

10.1 基 本 函 数

10.1.1 绘图窗体设置

initgraph(width,height)用于初始化绘图窗口的宽度和高度,例如:

```
initgraph(640, 480);
```

说明:创建一个宽度为640,高度为480 的图形界面窗口,该窗口的左上角的坐标是(0,0),右下角的坐标是(640,480)。在这个区域内可以运行各种绘图函数,并利用 getch()函数来接收用户输入(等待),运行结束后可以通过 closegraph()关闭绘图窗口。

10.1.2 颜色设置

(1) setcolor()函数。
功能:设置绘图的前景色,即画笔颜色,包括文字。
(2) setbkcolor()函数。
功能:设置背景颜色。
例如:

```
setcolor(EGERGB(0xFF, 0x0, 0x0));  //设置绘画的前景色 EGERGB(0xFF, 0x0, 0x0),即红色
setbkcolor(WHITE);                  //设置背景颜色 WHITE,即白色
```

其中,EGERGB 是个宏定义,用于将 R(red,红)、G(green,绿)、B(blue,蓝)3 个参数转成 RGB 颜色值。每个参数值为0~255,可用十六进制表示为 0x0~0xFF,值越大,颜色越亮。

EGE 还定义有一些其他常用的颜色枚举,可以直接使用,例如 WHITE、BLACK、BLUE、RED 等。例如:

```
enum COLORS
{
    BLACK=0                          //黑色
    BLUE=EGERGB(0, 0, 0xA8)          //蓝色
    GREEN=EGERGB(0, 0xA8, 0)         //绿色
    CYAN=EGERGB(0, 0xA8, 0xA8)       //青色
```

```
RED=EGERGB(0xA8, 0, 0)                          //红色
MAGENTA=EGERGB(0xA8, 0, 0xA8)                   //品红色
BROWN=EGERGB(0xA8, 0xA8, 0)                     //棕色
LIGHTGRAY=EGERGB(0xA8, 0xA8, 0xA8)              //浅灰
DARKGRAY=EGERGB(0x54, 0x54, 0x54)               //暗灰
LIGHTBLUE=EGERGB(0x54, 0x54, 0xFC)              //浅蓝
LIGHTGREEN=EGERGB(0x54, 0xFC, 0x54)             //浅绿
LIGHTCYAN=EGERGB(0x54, 0xFC, 0xFC)              //浅青
LIGHTRED=EGERGB(0xFC, 0x54, 0x54)               //浅红
LIGHTMAGENTA=EGERGB(0xFC, 0x54, 0xFC)           //浅品红
YELLOW=EGERGB(0xFC, 0xFC, 0x54)                 //黄色
WHITE=EGERGB(0xFC, 0xFC, 0xFC)                  //白色
};
```

例 10.1 添加设置窗口背景颜色和画笔颜色,绘制圆心坐标为(200,200)、半径为 100 像素的圆。

10-1.mp4

程序代码如下:

```
#include "graphics.h"
int main()
{
    setinitmode(0);                    // 关闭 ege 启动画面
    initgraph(640, 480);               //初始化绘图窗口的宽度和高度
    setcaption("绘制圆");
    setcolor(EGERGB(0xFF, 0x0, 0x0));
    //设置绘画颜色为红色 EGERGB(0xFF, 0x0, 0x0)
    setbkcolor(WHITE);                 //设置背景颜色为白色
    circle(200, 200, 100);             //画圆,圆心(200, 200),半径为 100
    getch();                           //暂停一下等待用户按键
    closegraph();                      //关闭图形界面
    return 0;
}
```

程序运行结果如图 10.1 所示。

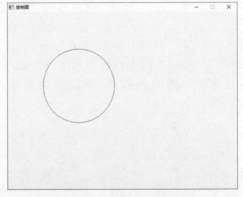

图 10.1 画圆程序运行结果

例 10.2 绘制多段直线。

程序代码如下：

10-2.mp4

```
#include "graphics.h"
int main()
{
    int driver,mode;
    driver=DETECT;
    mode=0;
    initgraph(&driver,&mode,"");
    setcaption("绘制直线");
    setcolor(EGERGB(0xFF, 0x0, 0x0));
    //设置绘画颜色为红色 EGERGB(0xFF, 0x0, 0x0)
    setbkcolor(WHITE);                      //设置背景颜色为白色
    line(100,50,300,200);                   //点对点画直线
    lineto(300,300);                        //从当前点画直线到坐标(300,300)
    lineto(500,300);                        //从当前点画直线到坐标(500,300)
    getch();
    return 0;
}
```

程序运行结果如图 10.2 所示。

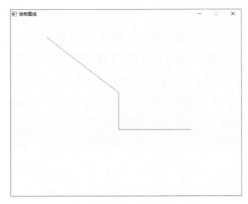

图 10.2　例 10.2 的运行结果

10.1.3　像素函数

（1）putpixel( )函数。

功能：putpixel( )函数用于在图形模式下屏幕上画一像素点。

用法：函数调用方式为

```
void putpixel(int x,int y,int color);
```

说明：参数 x、y 为像素点的坐标，color 是该像素点的颜色，它可以是颜色符号名，也可以是整型色彩值。

此函数相应的头文件是 graphics.h。

返回值：无。

例如：在屏幕上(6,8)处画一个红色像素点：

```
putpixel(6,8,RED);
```

（2）getpixel()函数。

功能：getpixel()函数用于返回像素点颜色值。

用法：该函数调用方式为

```
int getpixel(int x,int y);
```

说明：参数 x、y 为像素点坐标。

函数的返回值可以不反映实际彩色值,这取决于调色板的设置情况(参见 setpalette()
函数)。

这个函数相应的头文件为 graphics.h。

返回值：返回一像素点色彩值。

例如,把屏幕上(8,6)点的像素颜色值赋给变量 color。

```
int color =getpixel(8,6);
```

对许多图形应用程序,直线和曲线是非常有用的。但对有些图形只能靠操作单像素才
能画出。当然如果没有画像素的功能,就无法操作直线和曲线的函数。而且通过大规模使
用像素功能,整个图形就可以保存、写、擦除和与屏幕上的原有图形进行叠加。

例 10.3 利用 putpixel()像素函数绘制连续正弦曲线。

10-3.mp4

解题思路：在图形窗体下,每像素都是整数,因此取 x 坐标为 $0\sim628$,$y=\sin(x/100)\times
200$,将计算的$(x,y)$作为 putpixel()的参数,即完成图形绘制。

程序代码如下：

```
#include "graphics.h"
#include "math.h"
int main()
{
    int driver,mode;
    float x,y;
    initgraph(800,600);
    setcaption("绘制 sin");
    setcolor(EGERGB(0xFF, 0x0, 0x0));
    //设置绘画颜色为红色 EGERGB(0xFF, 0x0, 0x0)
    setbkcolor(WHITE);
    //设置背景颜色为白色
    for (x=0;x<=628;x++)
    {
        y=sin(x/100) * 200;
        putpixel(x+50,y+300,BLUE);
    }
```

```
    getch();
    return 0;
}
```

程序运行结果如图 10.3 所示。

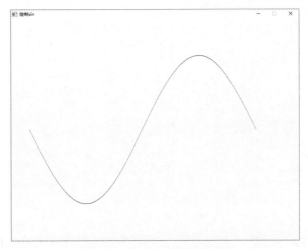

图 10.3 例 10.3 的运行结果

10.1.4 线型函数

（1）line()函数。

功能：line()函数用于使用当前绘图色、线型及线宽，在给定的两点间画一直线。

用法：该函数调用方式为

```
void line(int startx,int starty,int endx,int endy);
```

说明：参数 startx、starty 为起点坐标，endx、endy 为终点坐标，函数调用前后，图形状态下屏幕光标（一般不可见）当前位置不改变。

（2）lineto()函数。

功能：lineto()函数用于使用当前绘图色、线型及线宽，从当前位置画一直线到指定位置。

用法：此函数调用方式为

```
void lineto(int x,int y);
```

说明：参数 x、y 为指定点的坐标，函数调用后，当前位置改变到指定点(x,y)。

（3）linerel()函数。

功能：linerel()函数用于使用当前绘图色、线型及线宽，从当前位置开始，按指定的水平和垂直偏移距离画一条直线。

用法：这个函数调用方式为

```
void linerel(int dx,int dy);
```

说明：参数 dx、dy 分别是相对于当前点的水平偏移距离和垂直偏移距离。

函数调用后，当前位置变为增加偏移距离后的位置，例如，原来的位置是(8,6)，调用 linerel(10,18)函数后，当前位置为(18,24)。

返回值：无。

例 10.4 绘制台阶。

程序代码如下：

10-4.mp4

```
#include <graphics.h>
int main()
{
    int driver,mode;
    int x0,y0,i;
    initgraph(800,600);
    setcaption("绘制台阶");
    setcolor(EGERGB(0xFF, 0x0, 0x0));
    setbkcolor(WHITE);
    line(100,100,100,500);
    lineto(500,500);
    for (i=1;i<=10;i++)
    {
        linerel(0,-40);
        linerel(-40,0);
    }
    getch();
    return 0;
}
```

程序运行结果如图 10.4 所示。

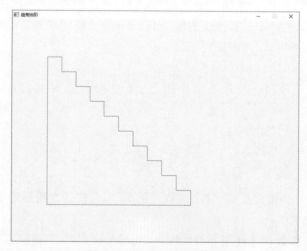

图 10.4　例 10.4 的运行结果

（4）setlinestyle()函数。

功能：setlinestyle()函数用于设置当前线型，包括线型、线图样和线宽。

用法：setlinestyle( )函数调用方式为

```
void setlinestyle(int stly,unsigned pattern,int width);
```

说明：参数 style 为线型取值，也可以用相应名称表示，如表 10.1 所示。

表 10.1　线型表

名　　称	取　　值	含　　义
SOLID_LINE	0	实线
DOTTED_LINE	1	点画线
CENTER_LINE	2	中心线
DASHED_LINE	3	虚线
USERBIT_LINE	4	用户自定义线型

参数 pattern 用于自定义线图样，它是 16 位(bit,1 字)，只有当 style＝USERBIT_LINE (值为 1)时，pattern 的值才有意义，使用用户自定义线图样，与图样中"1"位对应的像素显示，因此，pattern＝0xFFFF，则画实线；pattern＝0x9999，则画每隔两像素交替显示的虚线，如果要画长虚线，那么 pattern 的值可为 0xFF00 和 0xF00F，当 style 不为 USERBIT_LINE 值时，虽然 pattern 的值不起作用，但仍须为它提供一个值，一般取为 0。

参数 width 为线宽，如表 10.2 所示。

表 10.2　线宽表

名　　称	取　　值	说　　明
NORM_WIDTH(常宽)	1	1 像素宽(默认值)
THICK_WIDTH(加宽)	3	3 像素宽

例 10.5　绘制 4 种线型的直线。

程序代码如下：

```
#include <graphics.h>
int main()
{
    int i;
    initgraph(800,600);
    setcolor(EGERGB(0xFF, 0x0, 0x0));
    setbkcolor(WHITE);
    for (i=0;i<4;i++)
    {
        setlinestyle(i,0,3);
        line(i*200,300,i*200+200,300) ;
    }
    getch();
    return 0;
}
```

10-5.mp4

程序运行结果如图 10.5 所示。

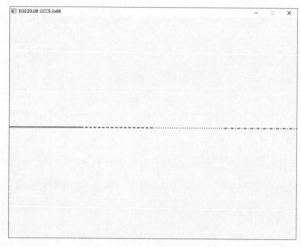

图 10.5　例 10.5 的运行结果

（5） setwritemode()函数。

功能：setwritemode()函数用于设置画线模式。

用法：函数调用方式为

```
void setwritemode()(int mode);
```

说明：参数 mode 只有两个取值 0 和 1，若 mode 为 0，则新画的线将覆盖屏幕上原有的图形，此为默认画线输出模式。如果 mode 为 1，那么新画的像素点与原有图形的像素点先进行异或（XOR）运算，然后输出到屏幕上，使用这种画线输出模式，第二次画同一图形时，将擦除该图形。调用 setwritemode()函数设置的画线输出模式只影响函数 line()、lineto()、linerel()、recangle()和 drawpoly()。

setwritemode()函数对应的头文件是 graphics.h。

返回值：无。

例如，设置画线输出模式为 0 的代码如下：

```
setwritemode(0);
```

10.1.5　多边形

虽然可用画直线函数绘制多边形，但直接提供画多边形的函数会给用户很大方便。最常见的多边形有矩形、矩形块（或称条形、长方形）、多边形和多边形块。

下面直接介绍画多边形的函数。

（1） rectangle()画矩形函数。

功能：rectangle()函数用于用当前绘图色、线型及线宽，画一个给定左上角与右下角的矩形（正方形或长方形）。

用法：此函数调用方式为

```
void rectangle(int left,int top,int right,int bottom);
```

说明：参数 left,top 是左上角点坐标,right,bottom 是右下角点坐标。如果有一个以上角点不在当前图形视口内,且裁剪标志 clip 设置的是真(1),则调用该函数后,只有在图形视口内的矩形部分才被画出。

返回值：无。

例 10.6 绘制矩形。

程序代码如下：

10-6.mp4

```
#include <graphics.h>
int main()
{
    initgraph(400,400);
    setcolor(EGERGB(0xFF, 0x0, 0x0));
    setbkcolor(WHITE);
    rectangle(80,80,220,200);
    rectangle(140,99,180,300);
    rectangle(6,6,88,88);
    rectangle(168,72,260,360);
    getch();
    return 0;
}
```

程序运行结果如图 10.6 所示。

(2) bar()画条函数。

功能：bar()函数用于用当前填充图样和填充色(注意不是给图色)画出一个指定上左上角与右下角的实心长条形(长方块或正方块),但没有 4 条边线)。

用法：bar()函数调用方式为

```
void bar(int left,int top,int right,int bottom);
```

说明：参数 left、top、right、bottom 分别为左上角坐标与右下角坐标,它们和调用 rectangle()函数的情形相同,调用此函数前,可以使用 setfillstyle()和 setfillpattern()设置当前填充图样和填充色。

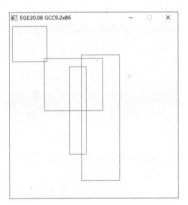

图 10.6 例 10.6 的运行结果

注意：此函数只画没有边线的条形,如果要画有边线的条形,可调用 bar3d()函数来画,并将深度参数设为 0,同时 topflag 参数要设置为真,否则该条形无顶边线。

返回值：无。

(3) bar3d()画条块函数。

功能：bar3d()函数用于使用当前绘图色、线型及线宽画出三维长方形条块,并用当前填充图样和填充色填充该三维条块的表面。

用法：此函数调用方式为

```
void bar3d(int left,int top,int right,int bottom,int depth,int topflag);
```

说明：参数 left、top、right、bottom 分别为左上角与右下角坐标，这与 bar()函数中的一样。参数 depth 为条块的深度，以像素为单位，通常按宽度的四分之一计算。深度方向通过屏显纵横比调节为约 45°（即这时 x/y 可设置为 1∶1）。

参数 topflag 相当于一个布尔参数，如果设置为 1（真），那么条块上放一顶面；若设置为 0（假），则三维条形就没有顶面，这样可使多个三维条形叠加在一起。

要使图形更加美观，可利用 floodfill()或 setfillpattern()函数选择填充图样和填充色。

例 10.7 绘制条形和条块。

程序代码如下：

10-7.mp4

```
#include <graphics.h>
int main()
{
    initgraph(600,300);
    setcolor(EGERGB(0xFF, 0x0, 0x0));
    setbkcolor(WHITE);
    setfillstyle(SOLID_FILL, GREEN);
    bar(60, 80, 220, 160);
    setfillstyle(SOLID_FILL, RED);
    bar3d(260, 180, 360, 240, 20, 1);
    getch();
    return 0;
}
```

程序运行结果如图 10.7 所示。

（4）drawpoly()画多边形函数。

功能：drawpoly()函数用于用当前绘图色、线型及线宽，画一个给定若干点所定义的多边形。

用法：此函数调用方式为

```
void drawpoly(int pnumber,int * points);
```

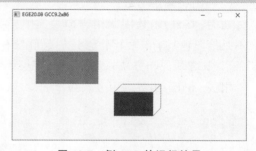

图 10.7 例 10.7 的运行结果

说明：参数 pnumber 为多边形的顶点数；参数 points 指向整型数组，该数组中是多边形所有顶点(x,y)坐标值，即一系列整数对，x 坐标值在前。显然整型数组的维数至少为顶点数的 2 倍，在定义了多边形所有顶点的数组 polypoints 时，顶点数目可通过计算 sizeof(polypoints)除以 2 倍的 sizeof(int)得到，这里除以 2 倍的原因是每个顶点有两个整数坐标值。另外有一点要注意，画一个 n 个顶点的闭合图形，顶点数必须等于 $n+1$，并且最后一点（第 $n+1$ 点）坐标必须等于第一点的坐标。

（5）fillpoly()函数。

功能：fillpoly()函数用于用当前绘图色，填充一个定义的多边形。

用法：此函数调用方式为

```
void fillpoly (int pnumber,int * points)
```

其中参数含义与 drawpoly()相同。

例 10.8 绘制一个封闭星形图与一个不封闭星形图。

程序代码如下：

10-8.mp4

```
#include <graphics.h>
int main()
{
    static int polypoints1[18]={100,200,200,200,200,100,100,200};
    static int polypoints2[18]={300,200,500,200,500,100};
    initgraph(600,300);
    setcolor(EGERGB(0xFF, 0x0, 0x0));
    setbkcolor(WHITE);
    setfillstyle(SOLID_FILL, GREEN);
    drawpoly(4,polypoints1);                          //封闭
    fillpoly(4,polypoints1);                          //填充
    drawpoly(3,polypoints2);                          //不封闭
    getch();
    return 0;
}
```

程序运行结果如图 10.8 所示。

10.1.6　曲线函数

（1）getaspectratio()函数。

功能：getaspectratio()函数用于返回 x 方向和 y 方向的比例系数，用这两个整型值可计算某一特定屏显的纵横比。

在一个屏幕上画得很圆的图形到另一个屏幕上可能被压扁或拉长，这是因为每一种显示卡与之相应的显示模式都有一个纵横比。

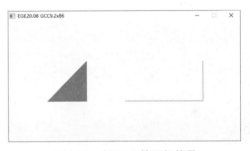

图 10.8　例 10.8 的运行结果

纵横比是指像素的水平方向大小与垂直方向大小的比值。如 VGA 显示卡由于像素基本上是正方形，所以纵横比为 1.000。

为了保证几何图形基本按预计情况显示在屏幕上，用屏幕显示的纵横比来计算和纠正不同硬件及显示卡产生的畸变。计算纵横比所需的水平方向和垂直方向的比例系数可调用 getaspectratio()函数获得。

用法：此函数调用方式为

```
void getaspectratio(int xasp,int yasp);
```

说明：参数 xasp 指向的变量存放返回的 x 方向比例系数；参数 yasp 指向的变量存放返回的 y 方向比例系数。通常 y 方向比例系数为 10 000，x 方向比例系数不大于 10 000（这是因为大多数屏幕像素高比宽长）。

注意：纵横比自动用作 arc()、circle()和 pieslice()函数中的标尺因子，使屏幕上圆或弧正常显示。但用 ellipse()函数画椭圆必须调用本函数获取纵横比作为标尺因子，否则不予

调整。纵横比可用于其他几何图形,目的是校正和显示图形。

getaspectratio()函数对应的头文件为 graphics.h。

返回值:返回 x 与 y 方向比例系数分别存放在 xasp 和 yasp 所指向的变量中。

例如,下面的程序显示纵横比:

```
int xasp,yasp;
float aspectratio;
getaspectratio(&xasp,&yasp);
aspectratio=xasp/yasp;
printf("aspect ratio: %f",aspectratio);
```

(2) circle()函数。

功能:circle()函数用于使用当前绘图色并以实线画一个完整的圆。

用法:该函数调用方式为

```
void circle(int x,int y,int radius);
```

说明:参数 x、y 为圆心坐标,radius 为圆半径,用像素数表示。

注意:调用 circle()函数画圆时不用当前线型。

不同于 ellipse()函数,只用单个半径 radius 参数调用 circle()函数,故屏显纵横比可以自动调节,以产生正确的显示图。

例 10.9 绘制 6 个同心圆,圆心为(100,100)。

程序代码如下:

10-9.mp4

```
#include <graphics.h>
int main()
{
    initgraph(600,300);
    setcolor(EGERGB(0xFF, 0x0, 0x0));
    setbkcolor(WHITE);
    circle(100,100,10);
    circle(100,100,20);
    circle(100,100,30);
    circle(100,100,40);
    circle(100,100,50);
    circle(100,100,60);
    getch();
    return 0;
}
```

程序运行结果如图 10.9 所示。

(3) arc()函数。

功能:arc()函数用于使用当前绘图色并以实线画一圆弧。

用法:函数调用方式为

```
void arc(int x,int y,int startangle,int endangle,int radius);
```

图 10.9 例 10.9 的运行结果

说明：参数 x、y 为圆心坐标，startangle 与 endangle 分别为起始角与终止角，radius 为半径。圆心坐标和半径以像素数给出，起始角和终止角以度为单位，都是绝对角度，0°位于右边，90°位于顶部，180°位于左边，底部是 270°。与数学中的坐标系相同，360°与 0°重合。角度按逆时针方向增加，但并不要求终止角一定比起始角大。例如指定 300°和 90°分别为起始角和终止角，与指定 300°和 450°分别为起始角和终止角可画出相同的弧。大于 360°可作为参数，它将被化到 0°～360°。arc()函数能画封闭圆，只要取起始角为 0°，终止角为 360°即可。此函数中，屏显纵横比可自动调节。

（4）fillellipse()画实心椭圆。

功能：fillellipse()函数用于使用当前填充色画一实心椭圆。

用法：函数调用方式为

```
void fillellipse(x, y, rₓ, rᵧ);
```

说明：参数 x、y 为圆心坐标，r_x 和 r_y 分别为 x 轴和 y 轴的半径，单位是像素。

例 10.10　以(300,300)为圆心，10 为初始半径，每画 180 度半径增加 10 像素，连续绘制 20 次。

程序代码如下：

10-10.mp4

```
#include <graphics.h>
int main()
{
    int x=300,y=300,i,r=10,a=0,k=-1,b=180,c;
    initgraph(600,600);
    setcolor(EGERGB(0xFF, 0x0, 0x0));
    setbkcolor(WHITE);
    setlinestyle(0,0,3);                    //实线,线宽 3 像素
    for (i=1;i<=20;i++)
    {
        arc(x,y,a,b,r);                     //起点的 x、y、初始角度、旋转角度、半径
        c=a;
        a=b;
        b=c;
        k=-k;
        x+=k * 10;
        r+=10;
    }
    getch();
    return 0;
}
```

程序运行结果如图 10.10 所示。

10.1.7　书写文字

（1）setfont (height，angle，Font)函数。

功能：该函数用于设置字体，其中 height 为字体高度，单位像素，angle 为倾斜角度，单

图 10.10 例 10.10 的运行结果

位为度，Font 为字体。常用的字体包括楷体、宋体、黑体、courier new 等。

用法：函数调用方式为

```
setfont(30, 0, "楷体");
```

（2）setfontbkcolor(color)函数。

功能：该函数用于设置文字背景颜色。

用法：函数调用方式为

```
setfontbkcolor(BLUE);
```

（3）outtextxy(x, y, 文字内容)

功能：写文字内容到指定位置。

用法：函数调用方式为

```
outtextxy(100, 100, "文字内容");
```

例 10.11 书写文字。

程序代码如下：

10-11.mp4

```
#include <graphics.h>
int main()
{
    initgraph(600,600);
    setcolor(EGERGB(0xFF, 0x0, 0x0));
    setbkcolor(WHITE);
    setfontbkcolor(BLUE);                           //设置文字背景
    setfont(30, 0, "楷体");
    outtextxy(100, 100, "楷体 ABC 12345 蓝色背景");
    setfontbkcolor(GREEN);                          //设置文字背景
```

```
    setfont(40, 0, "宋体");
    outtextxy(100, 200, "宋体 ABC 12345 绿色背景");
    setfontbkcolor(WHITE);                              //设置文字背景
    setfont(40, 0, "courier new");
    outtextxy(100, 300, "courier new 白色背景");
    getch();
    return 0;
}
```

程序运行结果如图 10.11 所示。

图 10.11　例 10.11 的运行结果

10.2　案　　例

例 10.12　在 500×500 的绘图区域内用红色和绿色绘制半径 $r = 20$ 的实心圆各 10 个,
如图 10.12 所示。

程序代码如下:

```
#include <graphics.h>
int main()
{
    int i,j,r=20;
    initgraph(500, 500);
    setbkcolor(WHITE);
    for (i=1;i<=4;i++)
    {
        setfillstyle(SOLID_FILL, RED);
        for (j=1;j<=i;j++)
            fillellipse(100+j*2*r, 200+i*2*r,
                r,r);
        setfillstyle(SOLID_FILL, GREEN);
        for (j=4;j>=i;j--)
```

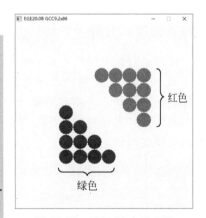

10-12.mp4

图 10.12　绘制 20 个实心圆

```
            fillellipse(200+j * 2 * r, 100+i * 2 * r, r, r);
    }
    getch();
    closegraph();
    return 0;
}
```

例 10.13 编写绘制矩形的函数,要求输入的参数:左下角的 x、y、宽度 w 和高度 h,边框颜色 c,填充标记 b。

程序代码如下:

```
# include <graphics.h>
int Ht(int x, int y, int w, int h, int c, int b)
{
    setfillstyle(SOLID_FILL, c);
    if (b==1)                                             //填充
        bar(x, y, x+w, y+h);
    else
        rectangle(x, y, x+w, y+h);
    return 0;
}
int main()
{
    int i, j, r=60;
    initgraph(500, 500);
    setbkcolor(WHITE);
    setcolor(GREEN);
    for (i=0;i<=2;i++)
        for (j=0;j<=4;j++)
            Ht(100+j * r, 300-i * r, r, r, GREEN, (i+j)%2);
    getch();
    closegraph();
    return 0;
}
```

程序运行结果如图 10.13 所示。

例 10.14 先编写一个计算极坐标的函数,即输入已知点的 (x_1, y_1)、角度和距离,计算另一点的坐标 (x_2, y_2),再用此函数计算的坐标绘制等边三角形。

程序代码如下:

```
#define Pi 3.14159
# include <math.h>
# include <graphics.h>
void Polar(int x1, int y1, int a, int L, int * x2,
    int * y2)
{
    * x2=(int)(x1+L*cos(Pi*a/180)+0.5);
```

图 10.13 例 10.14 的运行结果

```
    * y2=(int)(y1-L*sin(Pi*a/180)+0.5);
}


int main()
{
    int points1[8]={100,300},points2[8];
    int x1,y1,x2,y2,i;
    int a,L;
    x1=100;
    y1=100;
    L=200;
    initgraph(600,500);
    setfillcolor(RED);
    setbkcolor(WHITE);
    Polar(points1[0],points1[1],0,L,&points1[2],&points1[3]);
    Polar(points1[0],points1[1],60,L,&points1[4],&points1[5]);
    points1[6]=points1[0];
    points1[7]=points1[1];
    for (i=0;i<8;i++)
        if (i%2==0)
            points2[i]=points1[i]+200;
        else
            points2[i]=points1[i];
    drawpoly(4,points1);                          //封闭
    fillpoly(4,points2);                          //填充
    getch();
    return 0;
}
```

程序运行结果如图 10.14 所示。

图 10.14　例 10.14 的运行结果

本 章 小 结

本章着重介绍了图形设计中的几个重要概念。

绘图函数包括颜色设置、像素函数、线型函数、多边形、曲线函数、填充函数、图像函数、

书写文字函数等。注意坐标轴的原点(0,0)是屏幕左上角。

习　题　10

1.编写程序绘制国际象棋棋盘。要求:绘图窗口为 600×600 像素,黑白格的宽度为50像素,棋盘左下角点的坐标为(100,500)。

2.编写程序绘制操场简图。要求:绘图窗口为 600×400 像素,操场中心位于窗口中心,尺寸为 200×200 像素,填充为绿色,两端是半圆,半径为 100 像素,填充为红色。

3.绘制由 100 个红色和绿色圆形组成的图形。要求:

(1)绘图窗口为 600×600 像素,背景为白色。

(2)红、绿两种颜色的圆形相间排列且左上角的圆形为红色,其圆心坐标为(100,100),半径为 20 像素。

(3)每行绘制 10 个圆形,共绘制 10 行。

4.在例 10.14 中 Polar() 函数的基础上,编写绘制菱形的程序。要求:绘图窗口为 400×400 ,菱形的边长为 100 像素,内角为 60°,填充绿色,其底部的坐标为(200,350)。

第 11 章　Visual C++ 6.0 程序设计

Microsoft Visual C++（简称 Visual C++、MSVC 或 VC），是 Microsoft（微软）公司推出的以 C++ 语言为基础的开发 Windows 环境程序、面向对象的可视化集成编程系统。它具有程序框架自动生成、类管理灵活方便、代码编写和界面设计集成交互操作、可开发多种程序等优点，本章主要介绍如何利用 MFC 应用程序进行窗口程序的开发，以及在 Visual C++ 6.0 界面下如何进行 C 程序设计。

11-0.mp4

11.1　创建简单的 MFC 应用程序

11.1.1　建立 MFC 应用程序的工程文件

创建一个 MFC 应用程序，需要选择建立它的工程文件和工程工作区，其过程如下。

（1）打开 Visual C++ 6.0，选中"文件""新建"菜单选项，在弹出的"新建"对话框中，选中"工程"选项卡，在"位置"栏中设置工程存储的文件夹，在"工程名称"栏中输入"Test"，系统自动在文件夹下生成一个新的 Test 子文件夹作为全部工程文件的保存位置，如图 11.1 所示。

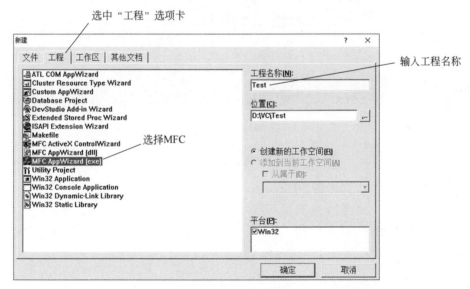

图 11.1　"新建"对话框

（2）单击"确定"按钮，弹出如图 11.2 所示的对话框，选中"基本对话框"单选按钮，并将资源使用的语言设置为中文简体，如图 11.2 所示。

（3）单击"完成"按钮，弹出如图 11.3 所示的对话框，提示将会创建一个新的工程。

（4）单击"确定"按钮，完成工程的创建。Visual C++ 将对话框打开在编辑窗口中，并显

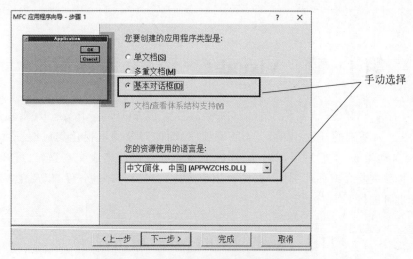

图 11.2　MFC 应用程序向导

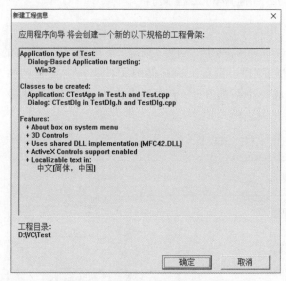

图 11.3　"新建工程信息"对话框

示一个工具窗口并在其中列出各种控件,如图 11.4 所示。

（5）选中"组建"|"执行"菜单选项,得到该工程的运行结果,如图 11.5 所示。

说明:在该工程的 Test 文件夹下的 Debug 文件夹中,可找到编译后的 Test.exe 应用程序,双击 Test.exe 后能直接运行该窗体程序。

11.1.2　主要工程文件说明

在图 11.4 所示的对话框中,左侧的 FileView(文件视图)列出了 Test 工程中所有的文件,这些文件组成了 Test 应用程序。

（1）Test.h 文件。该文件是应用程序的主头文件。

（2）Test.cpp 文件。该文件是主应用程序的源代码文件。

（3）TestDlg.h 和 TestDlg.cpp 文件。这两个文件包含了 CTestDlg 类,这个类定义了

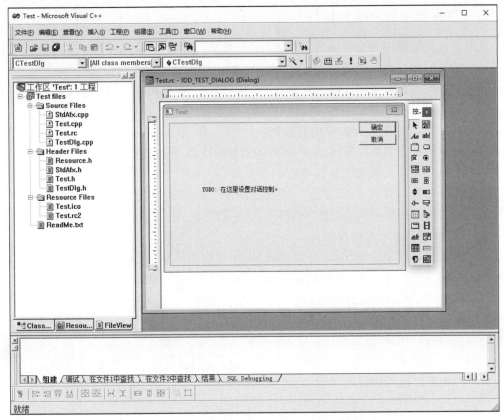

图 11.4　Visual C++ 中工程 Test 的对话框

图 11.5　工程 Test 的运行界面

应用程序的主对话框的特征,能在 VC 环境下进行编辑。

(4) StdAfx.h 和 StdAfx.cpp 文件。该文件用于创建一个预编译头文件 Test.pch 和一个预编译类型文件 StdAfx.obj。

(5) Resource.h 文件。该文件是一个标准的头文件,用于定义新资源的 IDs。

(6) Test.dsp 文件。该文件是工程文件,用于记录当前工程的有关信息,通过双击可以打开该工程。

(7) Test.dsw 文件。该文件是工作区文件,一个工作区可能包含一个或多个工程,如果只有一个工程,也可以双击打开该工程。

11.1.3 应用程序的可视化设计

前面通过应用程序向导生成的工程 Test 是由 Visual C++ 系统内部定义的,仅具备窗体最基本的打开和关闭的功能。在实际应用中,除了具有这些基本功能外,还应完成某些特定的功能。因此需要对工程文件进行加工。Visual C++ 本身提供了对工程文件进行加工、完善和编辑的强大的可视化工具,该图形界面不需要程序员进行大量的代码操作,就能完成图形界面设计和各类消息函数的映射等功能。

下面介绍通过使用类向导(Class Wizard)设计一个简单的图形界面。

(1) 在图 11.4 应用程序工作区中选中 Resource View 选项卡。

(2) 单击 Dialog 文件夹旁边的"+"按钮,将其展开,这时出现两个资源对象:IDD_ABOUTBOX 是应用程序的"关于"对话框,IDD_TEST_DIALOG 是作为应用程序主窗口的对话框,需要对其进行修改操作。

(3) 打开 IDD_TEST_DIALOG 对话框后,分别单击里面的"确定""取消"按钮和文本"TODO:在这里设置对话控制。",按 Delete 键,将这 3 个对象从对话框里删除。

(4) 在"控件"窗口内选择合适的控件,如果"控件"窗口没有显示,可在主窗体上部的工具栏上右击,在弹出的快捷菜单中选中"控件"选项,如图 11.6 所示。Visual C++ 控件工具箱里的控件包括按钮、编辑框、滚动条、复选框等 26 种。单击"控件"窗口中的按钮控件,然后在空白对话框的任意位置单击,就会出现一个按钮,再用鼠标将该按钮移动到预期位置,如图 11.7 所示。

(5) 按钮的标题默认是"Button1",可在按钮上右击,在弹出的快捷菜单中选中"属性"选项,在"Push Button 属性"对话框中将按钮的标题改为"确定",设置其 ID 为"IDC_BUTTON1",如图 11.8 所示。

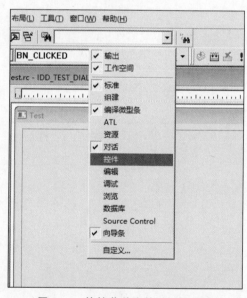

图 11.6　快捷菜单中的"控件"选项

(6) 选中"确定"按钮,拖动按钮的边框,直到大小和位置合适为止。

(7) 右击对话框,从弹出的快捷菜单中选中"属性"选项,在弹出"对话属性"对话框中设置整个对话框的字体,该对话框中的所有控件都是这个设定的值,如图 11.9 所示。

(8)按上述方法再增加一个按钮,修改标题为"退出",其 ID 为 IDC_BUTTON2,调整其大小和位置,如图 11.10 所示。

(9) 按 Ctrl+F5 组合键,应用程序以窗体形式运行,这时单击按钮没有任何反应,原因在于还没有编写相应的代码,只是单一的图形界面,可以单击右上角的 ⊠ 图标按钮关闭窗口。

11.1.4 应用程序的代码编程

11-1.mp4

为前面创建的界面连接、编写程序代码。下面以"确定"按钮为例,详细介绍代码编写步骤。

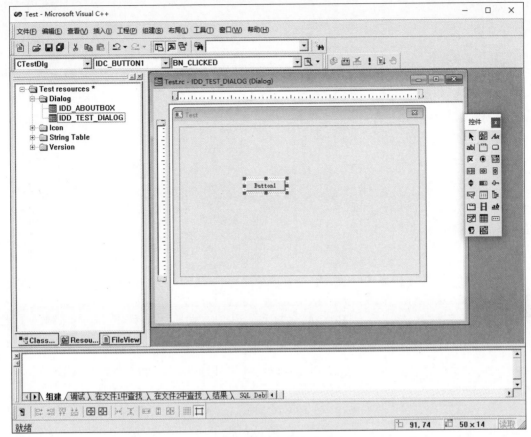

图 11.7   增加一个按钮控件

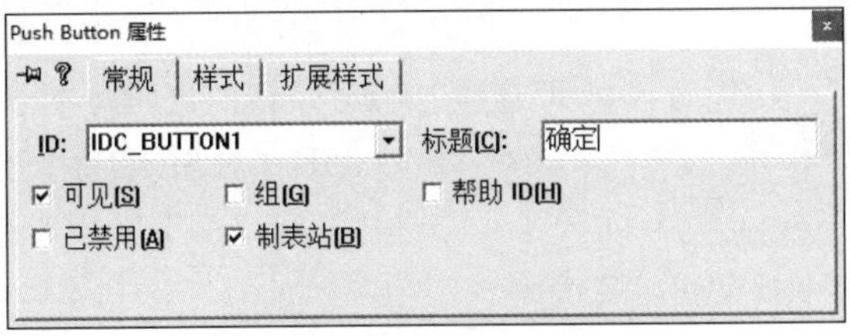

图 11.8   修改按钮的属性

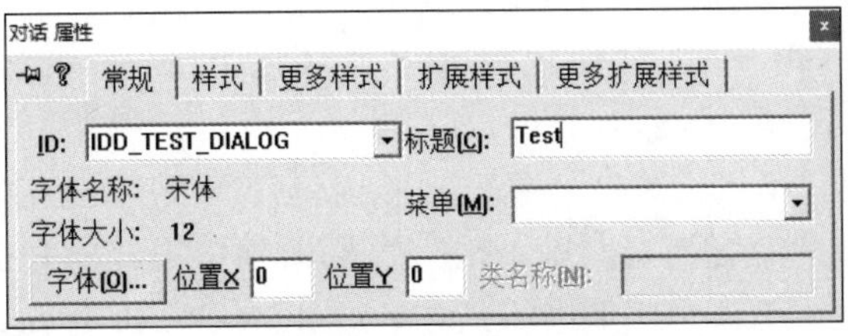

图 11.9   设置字体

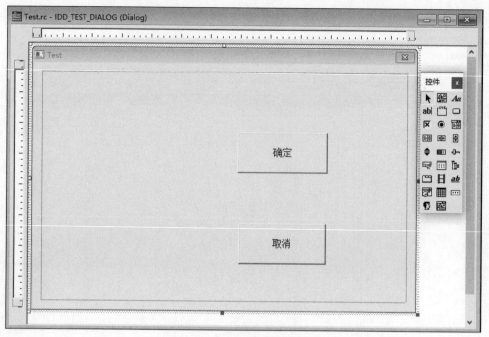

图 11.10　工程 Test 的设计界面

（1）如图 11.9 所示，右击"确定"按钮，弹出如图 11.11 所示的快捷菜单，从中选中"建立类向导"选项，弹出如图 11.12 所示的 MFC ClassWizard 对话框。

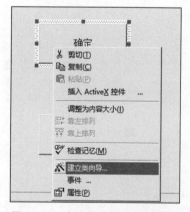

（2）在 Message Maps 选项卡的 Project（工程）下只有一个已经建立的 Test 工程，Class name（类名）下拉列表中有 CAboutDlg、CTestApp 和 CtestDlg 这 3 个类名。因为当前的任务是给"确定"按钮设计代码，"确定"按钮是对话框派生的子类，所以从 Object IDs 栏中选中 CTestDlg 类，即连接"确定"按钮的代码写在 CTestDlg 类。

（3）Object IDs（对象 ID）用于选择代码连接在哪个对象上面，选中 IDC_BUTTON1 选项，可给确定对象连接代码。

图 11.11　右击控件后的快捷菜单

（4）Messages（消息）列表框列出了与所选对象相关事件的消息，在 Object IDs 中选中了 IDC_BUTTON1 对象，与之相关的消息有 BN_CLICKED（单击该按钮）和 BN_DOUBLECLICKED（双击该按钮）。在这里选中 BN_CLICKED。

（5）在 MFC ClassWizard 对话框中单击 Add Function 按钮，弹出 Add Member Function（增加成员函数）对话框，如图 11.13 所示。该对话框中新增的成员函数名称为 OnButton1（默认值，这里不进行修改），单击 OK 按钮，接收默认的函数名，这样 OnButton1 加到了应用程序中，单击"确定"按钮执行该函数，同时在 Member Functions 栏中增加了一条语句：OnButton1 ON_IDC_BUTTON1：BN_CLICKED，如图 11.14 所示。表示向"确定"按钮（IDC_BUTTON1）传送单击该按钮的消息（BN_CLICKED）时，自动执行一个消息

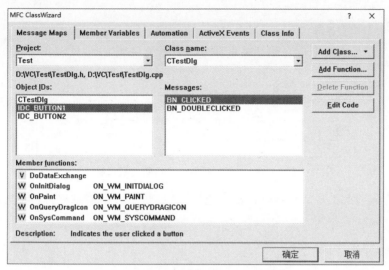

图 11.12　MFC Class Wizard 对话框

处理函数 ON_IDC_BUTTON1。

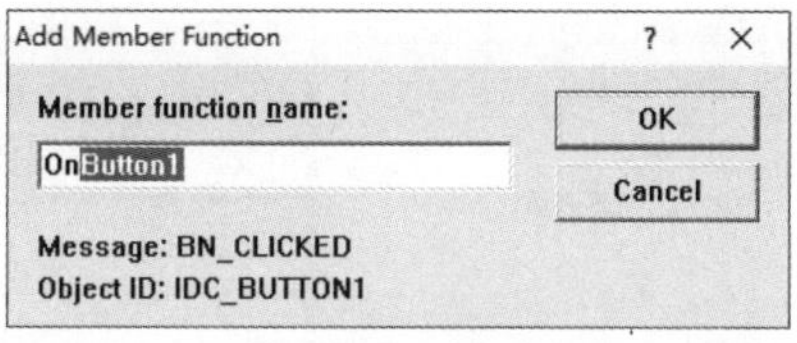

图 11.13　Add Member Function 对话框

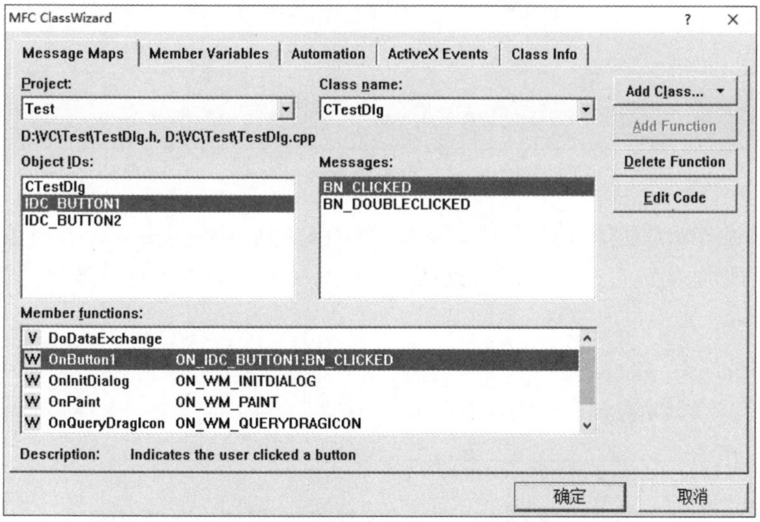

图 11.14　新增函数后的 MFC ClassWizard 对话框

（6）在 MFC ClassWizard 对话框中的单击 Edit Code 按钮，类向导打开 TestDlg.cpp 源代码文件，并使光标停留在消息处理函数的源代码处，并在该处为"确定"按钮编写程序代码：

```
MessageBox("你好,这是 VC 设计界面!");
```

如图 11.15 所示,函数的开始和结束部分均由系统自动生成,只需要在其中编写相应代码即可。

```
void CTestDlg::OnButton1()
{
    // TODO: Add your control notification handler code here
//编写代码开始
    MessageBox("你好，这是VC设计界面! ");
}
```

图 11.15　为 OnButton1()函数编写代码

（7）保存新建的工程后运行,单击"确定"按钮后显示一个消息框,运行结果如图 11.16 所示。

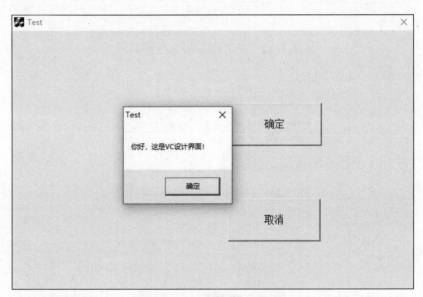

图 11.16　应用程序的消息框

（8）按上述方法,为"取消"按钮编写程序代码。其 MFC ClassWizard 对话框设置如图 11.17 所示,增加的成员函数名称为默认值 OnButton2,在消息处理函数的源代码之处编写程序代码：

```
OnOK();
```

```
void CTestDlg::OnButton2()
{
    // TODO: Add your control notification handler code here
    OnOK();
}
```

图 11.17　为 OnButton2()函数编写代码

如图 11.17 所示,OnOK()用于关闭对话框窗口,保存工程后运行,单击"取消"按钮,会关闭应用程序对话框,结束应用程序。

11.2　MFC 应用程序案例

前面介绍的界面设计比较简单,Visual C++的控件工具箱里的控件有 26 种,限于篇幅,下面仅就比较常见的控件的制作进行详细介绍。

11-2.mp4

例 11.1　设计两个编辑框输入数字,按"加法"按钮进行加法计算,结果以消息框的形式显示,按"取消"按钮结束程序,如图 11.18 所示。

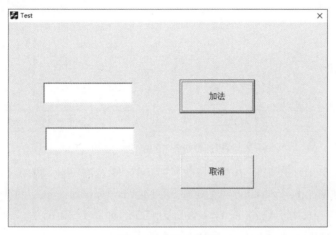

图 11.18　加法计算

解题思路:在上一节已经建立的 Test 工程上,增加两个编辑框,"确定"按钮改为"加法"并修改程序代码,"取消"按钮改为"退出",代码不变。具体步骤如下。

(1) 打开 Test 工程,修改按钮的属性,将标题改为"加法",增加两个编辑框控件,并调整至合适位置,如图 11.19 所示,其中上面的编辑框的 ID 是 IDC_EDIT1,下面的编辑框的 ID 是 IDC_EDIT2,均为默认值。

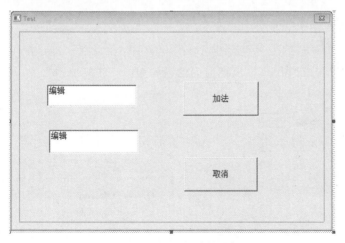

图 11.19　增加两个编辑框

(2) 给编辑框连接变量。右击 IDC_EDIT1 编辑框,在弹出的快捷菜单中选中"建立类向导"选项,在 MFC ClassWizard 对话框中选中 Member Variables 选项卡,如图 11.20

所示。

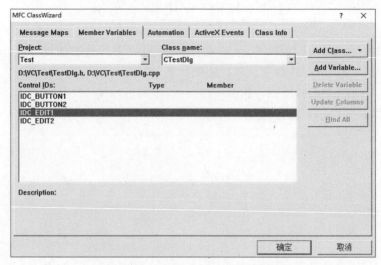

图 11.20　Member Variables 选项卡

（3）在 Control IDs 列表框中选中 IDC_EDIT1，使之高亮化，再单击 Add Variable 按钮，在弹出的 Add Member Variable 对话框中，将 Member variable name 的变量名改为 m_1，将 Category 设置为 Control，将 Variable type 设置为 CEdit，如图 11.21 所示。

（4）对 IDC_EDIT2 进行同样的操作，变量名改为 m_2。

（5）双击"加法"按钮，进入代码编辑界面，修改函数 OnButton1() 的内容如下：

```
CString s1,s2,sum;
int n1,n2;
m_1.GetWindowText(s1);
m_2.GetWindowText(s2);
n1=atoi(s1);
n2=atoi(s2);
sum.Format("%d", n1+n2);
MessageBox(sum);
```

修改结果如图 11.22 所示，可以把前面的语句用"//"注释掉。

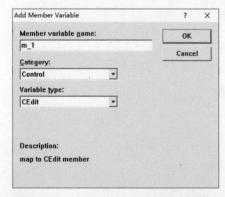

图 11.21　Add Member Variable 对话框

```
void CTestDlg::OnButton1()
{
    // TODO: Add your control notification handler code here
//编写代码开始
//  MessageBox("你好，这是VC设计界面！");

    CString s1,s2,sum;
    int n1,n2;
    m_1.GetWindowText(s1);
    m_2.GetWindowText(s2);
    n1=atoi(s1);
    n2=atoi(s2);
    sum.Format("%d", n1+n2);
    MessageBox(sum);
}
```

图 11.22　修改代码

（6）保存后运行，分别在编辑框中输入"123"和"456"，单击"加法"按钮，弹出消息框，显示计算结果，如图 11.23 所示。

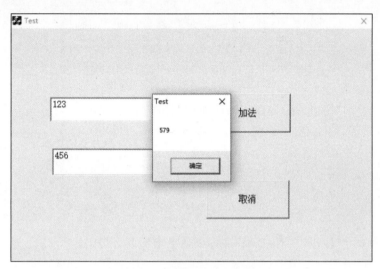

图 11.23　程序的运行结果

例 11.2　设计两个多行编辑框（有滚动条）和两个按钮，"复制"按钮用于将左边编辑框的内容复制到右边的编辑框内，"清除"按钮用于清除所有编辑框的内容，如图 11.24 所示。

11-3.mp4

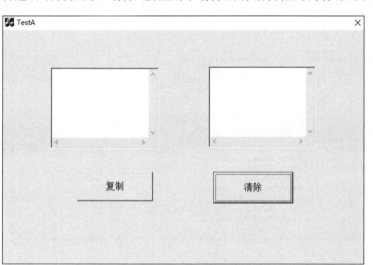

图 11.24　例 11.2 的应用程序主窗口

解题思路：新建 TestA 工程，在适当位置添加两个多行编辑框和两个按钮控件，修改窗体的字号为 12（小四号），参照例 11.1，各控件的 ID 均为默认值，两个多行编辑框的变量名为 m_1 和 m_2，并将 Category 设置为 Control，Variable type 设置为 CEdit，两个按钮的标题修改为"复制"和"清除"，并且按上例新增成员函数名称为 OnButton1、OnButton2。再进行以下操作。

（1）修改两个多行编辑框的属性，如图 11.25 所示，其中"需要返回"复选框的作用是按Enter 键后可以进行下一行的输入，实现多文本的输入。

图 11.25　修改多行编辑框的属性

（2）双击"复制"按钮，在 OnButton1() 函数下增加以下代码：

```
m_1.SetSel(0,-1);                      //选择全部文本
m_1.Copy();                            //复制到剪贴板
m_2.SetSel(0,-1);
m_2.ReplaceSel("");                    //清空
m_2.Paste();                           //粘贴
```

（3）双击"清除"按钮，在 OnButton2() 函数下增加以下代码：

```
m_1.SetSel(0,-1);                      //选择全部文本
m_1.ReplaceSel("");                    //清空
m_2.SetSel(0,-1);                      //选择全部文本
m_2.ReplaceSel("");                    //清空
```

（4）代码如图 11.26 所示。

```
void CTestADlg::OnButton1()
{
    // TODO: Add your control notification handler code here
    m_1.SetSel(0,-1);       //选择全部文本
    m_1.Copy();             //复制到剪贴板
    m_2.SetSel(0,-1);
    m_2.ReplaceSel("");     //清空
    m_2.Paste();            //粘贴
}

void CTestADlg::OnButton2()
{
    // TODO: Add your control notification handler code here
    m_1.SetSel(0,-1);       //选择全部文本
    m_1.ReplaceSel("");     //清空
    m_2.SetSel(0,-1);       //选择全部文本
    m_2.ReplaceSel("");     //清空
}
```

图 11.26　代码

（5）保存工程后运行，结果如图 11.27 所示。

11-4.mp4

例 11.3　在不同窗体之间进行数据传递。如图 11.28 所示，在主窗体下接收数据后，调用新的窗体，判断是否为素数，并将处理后的结果返回给主窗体的控件。

解题思路：按照例 11.1 建立新的窗体、设置相关控件，再插入一个新的对话框，通过全局变量，在两个窗体之间进行数据交换。具体步骤如下。

（1）新建 TestB 工程，在适当位置添加两个编辑框控件、一个静态文本（标签）和一个按钮控件，修改窗体的字号为 12（小四号），各控件的 ID 均为默认值，两个编辑框的变量名为 m_1 和 m_2，并将 Category 设置为 Control，Variable type 设置为 CEdit，将静态文本的标题

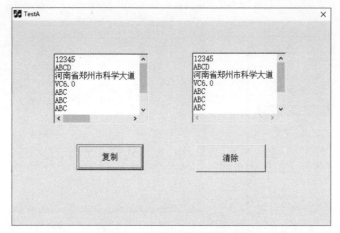

图 11.27　应用程序的运行结果

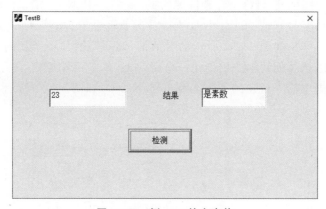

图 11.28　例 11.3 的主窗体

修改为"结果"，按钮的标题修改为"检测"，成员函数名称改为 OnButton1。如图 11.29 所示。

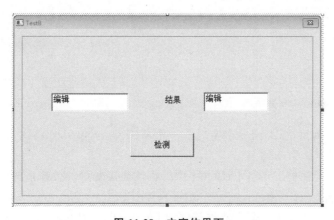

图 11.29　主窗体界面

（2）在工作区的 ResourceView 选项卡中右击 Dialog，弹出如图 11.30 所示的快捷菜单。从中选中"插入 Dialog"，得到新建的对话框，如图 11.31 所示。

图 11.30　右击 Dialog 后弹出的快捷菜单

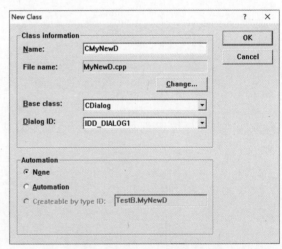

图 11.31　新建对话框

（3）对新建的对话框进行修改。删除原有的"确定"和"取消"按钮，新增两个文本框和两个按钮，将窗体的字号修改为 12（小四号），右击编辑框控件，从弹出的快捷菜单中选中"建立类向导"选项，弹出如图 11.32 所示的对话框，询问是增加一个新的类，还是选择一个已有的类进行连接，选择创建第一项创建一个新的类，单击 OK 按钮，显示 New Class 对话框，在 Name 编辑框中输入新建的类的名称 CMyNewD，如图 11.33 所示。注意，首字符必须为大写 C。

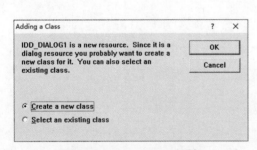

图 11.32　Add a Class 对话框

图 11.33　New Class 对话框

（4）单击 OK 按钮，在类向导中增加了一个新类 CmyNewD，ID 为 IDD_DIALOG1，是从基类 Cdialog 中派生出来的。

（5）给新增的对话框 IDD_DIALOG1 中的控件连接变量。各控件的 ID 均为默认值，两个编辑框的变量名为 m_1 和 m_2，其 Category 为 Control，Variable type 为 CEdit，按钮的标题修改为"判断"和"结束"，成员函数名称为 OnButton1 和 OnButton2，如图 11.34 所示。虽然变量名称和函数名称相同，却属于不同的窗体，因此不会冲突。

（6）编写代码。

① 在 FileView（文件视图）中，双击 MyNewD.h 头文件，在 CmyNewD 类的公用段声明

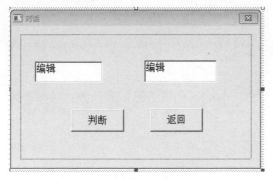

图 11.34 新增对话框的控件

两个变量 c1 和 c2(CString c1,c2;),用于处理两个窗体产生的数据,如图 11.35 所示。

```
class CMyNewD : public CDialog
{
// Construction
public:
    CMyNewD(CWnd* pParent = NULL);   // standard constructor

    CString c1,c2;                          ——声明c1和c2两个字符串变量

// Dialog Data
    //{{AFX_DATA(CMyNewD)
    enum { IDD = IDD_DIALOG1 };
    CEdit   m_2;
    CEdit   m_1;
    //}}AFX_DATA
```

图 11.35 声明变量

② 在头文件 TestBDlg.h 中加入声明类 CMyNewD 的头文件 MyNewD.h,加入的代码如图 11.36 所示。

```
// TestBDlg.h : header file
//

#if !defined(AFX_TESTBDLG_H__C9B8D00A_FD5B_4785_B900_A26FA2F11EE8__INCLUDED_)
#define AFX_TESTBDLG_H__C9B8D00A_FD5B_4785_B900_A26FA2F11EE8__INCLUDED_

#if _MSC_VER > 1000
#pragma once
#endif // _MSC_VER > 1000              ——加入头文件

#include "MyNewD.h"


/////////////////////////////////////////////////////////////////////////
// CTestBDlg dialog
```

图 11.36 在头文件 TestBDlg.h 中加入头文件 MyNewD.h

③ 在头文件 TestBDlg.h 中定义 CMyNweD 的一个对象 m_MyD,以便通过程序代码使其显示出来。如图 11.37 所示。

④ 双击主窗体 TestB 的检测按钮,读取编辑框 1 的数据到 c1,打开新窗体 m_MyD,将 m_MyD 返回的数据 c2 显示在编辑框 2 中,输入以下程序代码:

```
m_1.GetWindowText(m_MyD.c1);
m_MyD.DoModal();
m_2.SetWindowText(m_MyD.c2);
```

主窗体的"检测"按钮的代码如图 11.38 所示。

```
#endif // _MSC_VER > 1000

#include "MyNewD.h"

//////////////////////////////////////////////////////////////////////////
// CTestBDlg dialog

class CTestBDlg : public CDialog
{
// Construction
public:
    CTestBDlg(CWnd* pParent = NULL);     // standard constructor

    CMyNewD m_MyD;                                      ——————— 定义m_MyD对象

// Dialog Data
    //{{AFX_DATA(CTestBDlg)
    enum { IDD = IDD_TESTB_DIALOG };
    CEdit   m_2;
    CEdit   m_1;
    //}}AFX_DATA
```

图 11.37　定义 CMyNewD 的一个对象 m_MyD

```
void CTestBDlg::OnButton1()
{
    // TODO: Add your control notification handler code here

    m_1.GetWindowText(m_MyD.c1);
    m_MyD.DoModal();
    m_2.SetWindowText(m_MyD.c2);

}
```

图 11.38　主窗体中"检测"按钮的代码

⑤ 右击新窗体 IDD_DIALOG1,从弹出的快捷菜单中选中"建立类向导"选项,弹出 MFC ClassWizard 对话框。在 Object IDs 栏中选中 CmyNewD,在 Messages 栏中选中 WM_INITDIALOG,该函数表示该窗体创建后需要处理的任务。单击 Add Function 按钮,如图 11.39 所示。

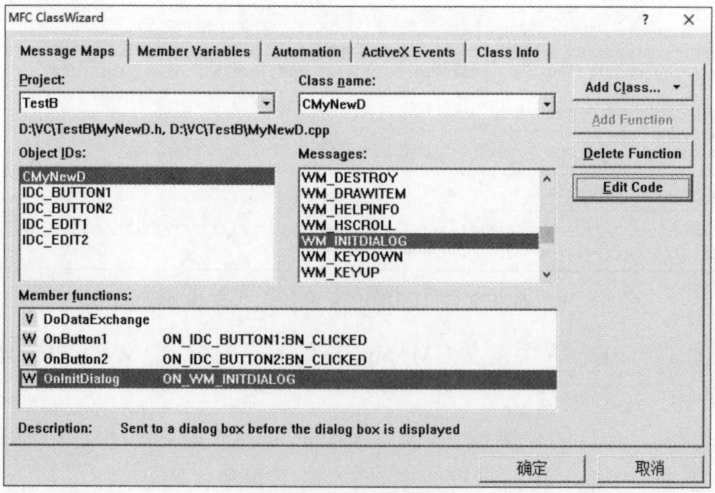

图 11.39　初始化函数

单击 Edit Code 按钮,对该函数进行编码,程序如下:

```
m_1.SetWindowText(c1);
```

该程序在初始化函数的位置如图 11.40 所示。

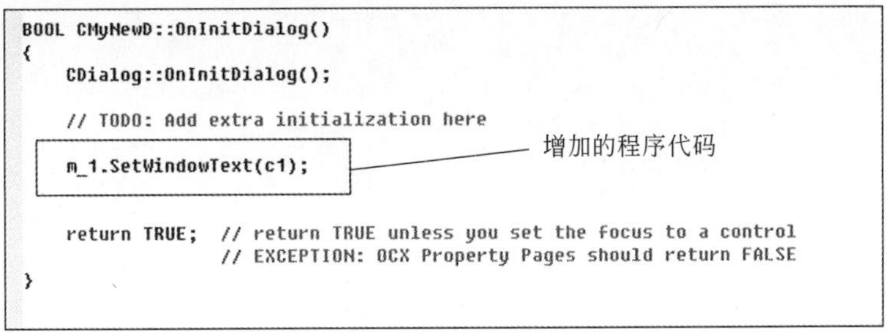

```
BOOL CMyNewD::OnInitDialog()
{
    CDialog::OnInitDialog();

    // TODO: Add extra initialization here

    m_1.SetWindowText(c1);                    增加的程序代码

    return TRUE;  // return TRUE unless you set the focus to a control
                  // EXCEPTION: OCX Property Pages should return FALSE
}
```

图 11.40 初始化函数

⑥ 双击新窗体 IDD_DIALOG1 的"判断"按钮,输入以下程序:

```
int n,i;
CString c;
m_1.GetWindowText(c);
n=atoi(c);
for (i=2;i*i<=n;i++)
    if (n%i==0)
        break;
if (i*i<=n)
    c2="不是素数";
else
    c2="是素数";
m_2.SetWindowText(c2);
```

同时在"返回"按钮下增加 OnOK() 函数,如图 11.41 所示。

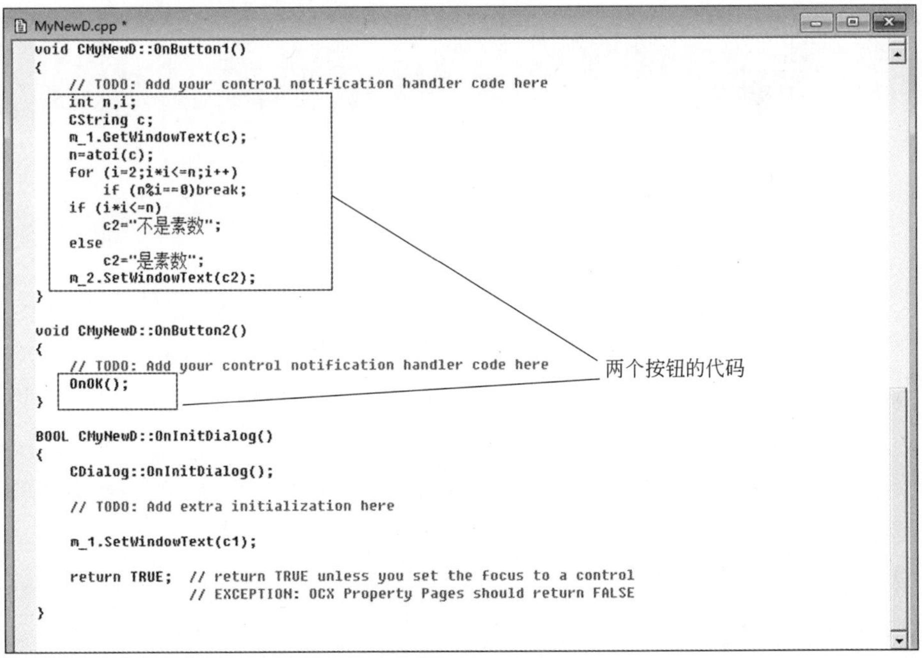

```
MyNewD.cpp *
void CMyNewD::OnButton1()
{
    // TODO: Add your control notification handler code here
    int n,i;
    CString c;
    m_1.GetWindowText(c);
    n=atoi(c);
    for (i=2;i*i<=n;i++)
        if (n%i==0)break;
    if (i*i<=n)
        c2="不是素数";
    else
        c2="是素数";
    m_2.SetWindowText(c2);
}

void CMyNewD::OnButton2()
{
    // TODO: Add your control notification handler code here     两个按钮的代码
    OnOK();
}

BOOL CMyNewD::OnInitDialog()
{
    CDialog::OnInitDialog();

    // TODO: Add extra initialization here

    m_1.SetWindowText(c1);

    return TRUE;  // return TRUE unless you set the focus to a control
                  // EXCEPTION: OCX Property Pages should return FALSE
}
```

图 11.41 为新窗体中的两个按钮增加代码

（7）保存工程并运行，结果如图 11.42 所示，数据可以在两个窗体间实现交互。

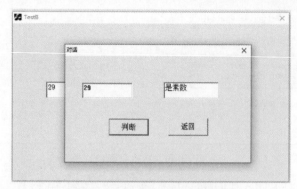

图 11.42　应用程序的运行界面

11-5.mp4

11.3　在 Visual C++ 环境下的 C 程序设计

（1）打开 Visual C++ 6.0，选中"文件"|"新建"菜单选项，弹出"新建"对话框。选中"文件"选项卡，选中 C++ Source File，设置文件保存位置后，在"文件名"编辑框内输入"A.c"，如图 11.43 所示。

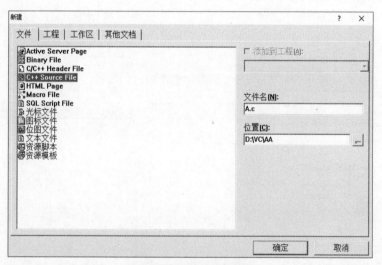

图 11.43　"新建"对话框

（2）单击"确定"按钮，出现 C 程序文本编辑框，在该文本编辑框内输入以下程序：

```c
#include "stdio.h"
int main()
{
    printf("这是 VC++界面!");
    return 0;
}
```

结果如图 11.44 所示。

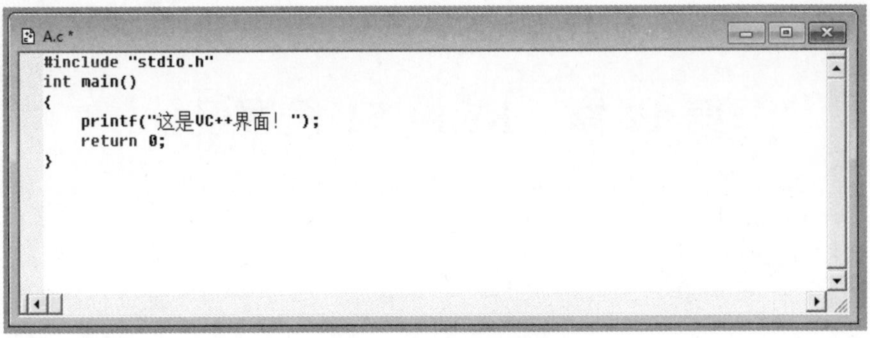

A.c *
#include "stdio.h"
int main()
{
printf("这是VC++界面！");
return 0;
}

图 11.44　输入程序的窗口

（3）选中“组建”|“编译”菜单选项，如图 11.45 所示。

组建(B)
工具(T)
窗口(W)
帮助
编译 [A.c]
组建
全部重建
开始调试(D)
远程连接调试程序...

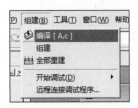

图 11.45　编译程序

（4）保存工程，系统进行编译，成功后在底部信息栏中显示“0 error(s)，0 warning(s)”。

（5）单击“执行”按钮或按 Ctrl＋F5 组合键，显示程序运行结果。

本章小结

本章讲述如何通过 MFC 建立新的工程，在工程里根据需要添加各种控件，修改控件的属性，如名称、类型、字体等，在类向导里设置控件变量和相应函数，再对函数进行编码，不同窗体通过全局变量进行数据交换。

习　题　11

1. 简述建立 MFC 程序的过程。

2. 消息框的数据如何传递？

3. Visual C++ 对话框有哪些主要控件？

4. 设计一个对话框。利用 3 个编辑框输入 3 个整数，计算这 3 个数的和，在消息对话框中显示结果。

第 12 章　Keil C51 程序设计

　　8051 单片机是对兼容英特尔 8051 指令系统的单片机的统称,广泛应用于家用电器、汽车、工业测控、通信设备中。Keil C51 继承自 C 语言,集成在 Keil μVision3 开发环境中进行开发,主要运行于 8051 内核的单片机平台,能直接对 8051 单片机硬件进行操作,已得到非常广泛的使用。

　　Keil μVision3 是一种用于 8051 系列单片机的集成开发环境,按照 ANSI C 语法规则进行程序设计,同时针对 8051 系列单片机自身特点做了一些特殊扩展,支持众多的 8051 架构的芯片,同时集项目管理、文件编辑处理、编译链接、仿真等功能于一体,具有强大的软件调试功能,是目前 8051 单片机软件开发中最优秀的软件开发工具之一。

12.1　Keil C51 程序设计基本语法

12.1.1　Keil C51 程序的一般结构

　　C51 程序的结构与标准 C 程序完全相同,由一个或多个函数构成,其中至少应包含一个主函数 main()。程序执行时,首先是从 main()函数开始,运行中如果调用其他函数,执行后又返回 main()函数,函数之间可以互相调用。

　　C51 程序的一般结构如下:

```
预处理命令                      //用于包含头文件等
全局变量说明;                    //全局变量可被本程序的所有函数引用
函数 1 说明;
...
函数 n 说明;
/* 主函数 */
main()
{
    局部变量说明;                //局部变量只能在所定义的函数内部引用
    执行语句;
    函数调用(实际参数表);
}
/* 其他函数定义 */
函数 1(形式参数表)
{
    局部变量说明;                //局部变量只能在所定义的函数内部引用
    执行语句;
    函数调用(形式参数表);
}
...
```

```
函数 n(形式参数)
{
    局部变量说明;                              //局部变量只能在所定义的函数内部引用
    执行语句;
    函数调用(形式参数表);
}
```

由此可见,C51 程序是由函数组成的,函数之间可以相互调用,但 main( )函数只能调用其他功能函数,不能被其他函数调用。其他功能函数,可以是 C51 编译器提供的库函数,也可以是用户按需要自行编写的。

不管 main( )函数处于程序中什么位置,程序总是从 main( )开始执行。

注意:

① 函数以"{"开始,以"}"结束,二者必须成对出现,它们之间的部分为函数体。

② C51 程序没有行号,一行内可以书写多条语句,一条语句也可以分写在多行上。

③ 每条语句最后必须以";"结尾,";"是 C51 程序的必要组成部分。

④ 每个变量必须先定义后引用。函数内部定义的变量为局部变量,又称内部变量,只有在定义它的那个函数之内才能够使用。在函数外部定义的变量为全局变量,又称外部变量,在定义它的那个程序文件中的函数都可以使用它。

⑤ 对程序语句的注释必须放在"//"之后,或者放在"/ *"和" * /"之间。

12.1.2 扩充的数据类型

Keil C51 编译器支持与标准 C 相同的基本数据类型,包括 char(字符型)、int(整型)、long(长整型)、float(浮点型)和 *(指针型),另外还支持扩充数据类型,具体如下。

(1) bit:位类型,可以定义一个位变量,但不能定义位指针,也不能定义位数组。只有一位长度,数值为 0 或 1,不允许定义位指针和位数组。

(2) sfr:特殊功能寄存器,可以定义 8051 单片机的所有内部 8 位特殊功能寄存器。sfr 型数据占用一个内存单元,其取值范围是 0~255。

(3) sfr16:16 位的特殊功能寄存器,它占用两个内存单元,取值范围为 0~65535,可以定义 8051 单片机内部的 16 位特殊功能寄存器。

(4) sbit:可寻址位,数值为 0 或 1,可以定义 8051 单片机内部 RAM 中的可寻址位或特殊功能寄存器中的可寻址位。

12.1.3 运算符和表达式

Keil C51 对数据有很强的表达能力,具有十分丰富的运算符。运算符就是完成某种特定运算的符号,Keil C51 的运算符包括赋值运算符、算术运算符、增量与减量运算符、关系运算符、逻辑运算符、位运算符、复合赋值运算符、逗号运算符、条件运算符、指针和地址运算符、强制类型转换运算符等。表达式则是由运算符及运算对象所组成的具有特定含义的算式。Keil C51 的运算符和表达式与标准 C 完全相同。

12.1.4　基本语句

C51 提供了十分丰富的程序控制语句,包括表达式语句、复合语句、条件语句(含 if、switch 语句)、循环语句(while、do…while、for)、控制语句(break、continue)、返回语句,与标准 C 完全相同。

12.1.5　中断服务函数

在 Keil C51 中,有标准库函数和用户自定义函数两种函数。标准库函数是 Keil C51 编译器提供的,可以直接调用;用户自定义函数是用户根据自己的需要编写的,必须先进行定义之后才能调用。

在单片机或嵌入式系统中,当硬件设备发生特定的事件或条件时(例如外部触发、定时器到期等),会产生一个硬件中断信号。处理器会根据中断向量表中的配置,跳转到相应的中断服务函数去处理这个中断事件。这个被调用的中断服务函数(interrupt service routine,ISR),就是用于响应硬件中断的特殊的自定义函数。中断服务函数的特点如下。

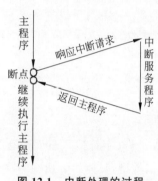

图 12.1　中断处理的过程

(1) 异步调用。中断服务函数是由硬件中断请求触发执行的,执行中断服务程序会打断正在执行的主程序流程,同时对主程序的断点地址进行压栈保护,当执行完中断服务程序后由硬件完成对主程序断点的恢复,使 CPU 继续执行原先的程序,如图 12.1 所示。并且在任何情况下都不能直接调用中断函数,否则会产生编译错误。

(2) 无返回值。中断服务函数不能有返回值,因为它是硬件调用(触发),没有程序给它传递参数,也没有程序接收它的返回值,因此一般定义为 void 型。

(3) 快速执行。中断服务函数需要具有尽可能短的响应时间和执行时间,以确保及时响应硬件中断请求,可以设置优先级。

中断服务函数是在 C 语言源程序中直接编写 8051 单片机的中断服务函数程序,一般形式如下:

```
void 函数名[interrupt n][using n]
```

其中,关键字 interrupt 后面的 n 是中断号,取值范围为 0~31,具体的中断号 n 和中断向量取决于 8051 系列单片机芯片的型号。常用的中断源与中断向量表如表 12.1 所示。

表 12.1　8051 系列单片机的中断源与中断向量表

中断号 n	中 断 源	中断向量 $8n+3$
0	外部中断 0	0003H
1	定时器 0	000BH
2	外部中断 1	0013H

中断号 n	中 断 源	中断向量 $8n+3$
3	定时器 1	001BH
4	串行口	0023H

12.2 Keil μVision3 软件基本操作

12.2.1 软件安装与启动

Keil μVision3 集成开发环境的安装,与大多数软件的安装类似。安装成功后,在桌面上生成一个 Keil μVision3 快捷方式图标,双击该图标,即出现 Keil μVision3 的主界面,如图 12.2 所示,并标注了各窗口的名称。

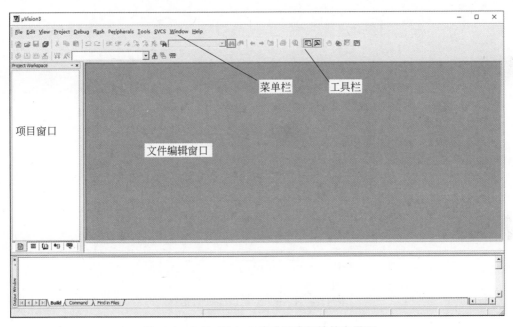

图 12.2 Keil μVision3 集成开发环境的主界面

12.2.2 创建项目

12-1.mp4

Keil μVision3 把用户的每一个应用程序设计都当作一个项目,用项目管理的方法把一个程序设计中需要用到的、互相关联的程序链接在同一项目中。这样,打开一个项目时,需要的关联程序同时进入调试窗口,为用户编写、调试和存储项目中的各个程序提供了方便。

如果用户开发了多个项目,每个项目采用相同或不同的程序文件和库文件,采用项目管理,很容易区分不同项目中用到的程序文件和库文件。

因此,在使用 Keil μVision3 对程序进行编辑、调试与编译之前,需要先创建一个新的项目。具体步骤如下。

（1）在图 12.2 所示的界面下，选中 Project｜New｜μVision Project 菜单选项，如图 12.3 所示。

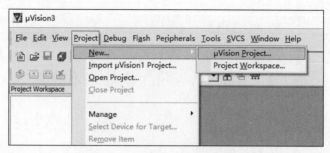

图 12.3　新建项目所用的菜单项

（2）单击后弹出 Create New Project（新建项目）对话框，如图 12.4 所示。选择保存路径后填写项目名称 MyProject，单击"保存"按钮。

图 12.4　Create New Project 对话框

（3）弹出如图 12.5 所示的 Select Device for Target 'Target 1'对话框，在左侧 Data base 中选择 Atmel 目录下的 AT89C51。

（4）单击"确定"按钮后，弹出图 12.6 所示的对话框，询问是否复制代码到项目，单击"是"按钮，新的项目已经建立完毕，如图 12.7 所示。

12.2.3　添加用户源程序文件

在一个新的项目创建完成后，需要将自己编写的用户程序添加到这个项目中，具体过程如下。

1. 新建文件

选中 File｜New 菜单选项，如图 12.8 所示，在文件编辑窗口内出现一个空白的文件编辑框，默认文件名是 Text1，可在这个文件编辑框内输入程序代码，如图 12.9 所示。

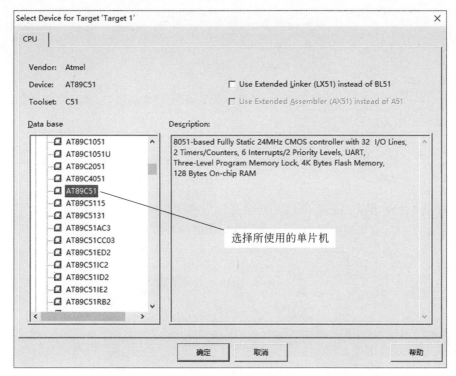

图 12.5　Select Device for Target 'Target 1'对话框

图 12.6　确认是否复制代码到项目

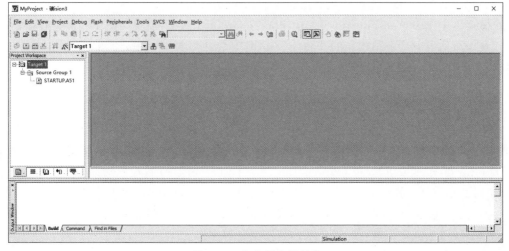

图 12.7　完成项目的创建

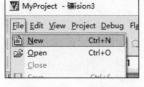

图 12.8　New 选项

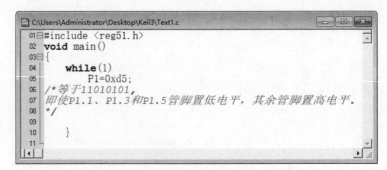

图 12.9　输入代码

单击工具栏的"保存"按钮,将这个新建文件与刚建立的项目保存在同一个文件夹下,文件的扩展名为".c",完成新文件 Text1.c 的创建,如图 12.10 所示。

图 12.10　Save As 对话框

2. 添加已创建文件

在图 12.7 所示窗体左侧的项目窗口中右击 Source Group 1,从弹出的如图 12.11 所示的快捷菜单中选中 Add Files to Group 'Source Group 1'选项,出现如图 12.12 所示对话框。

在该对话框中选中刚建立的 Text1.c 文件,单击 Add 按钮再单击 Close 按钮,文件添加完毕,文件 Text1.c 已经被添加到 Source Group 1 目录,如图 12.13 所示。

12.2.4　项目的设置

通常情况下,项目创建后还需要进一步设置项目,以满足不同的需求。如图 12.14 所示,单击项目窗口的 Target 1,选中 Options for Target 'Target 1',或者单击工具栏的 Option for Target 按钮,出现 Options for Target 'Target 1'项目设置对话框,如图 12.15 所示,该对话框有多个选项卡,通常需要设置的有 Target 和 Output,其余设置取默认值即可。

（1）Target 选项卡。根据需要重新设置晶振频率（Xtal）,将所选目标单片机最高频率由 24 MHz 改为其他数值,如 STC 系列某些型号单片机为 35MHz,也可以不改。

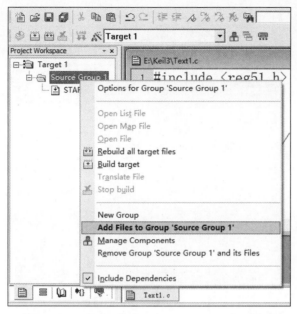

图 12.11　Add Files to Group 'Source Group 1'选项

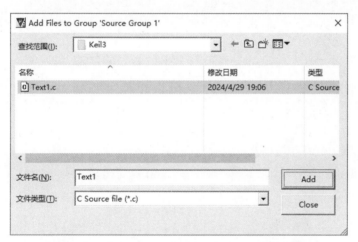

图 12.12　Add Files to Group 'Source Group 1'对话框

图 12.13　添加到项目中的文件

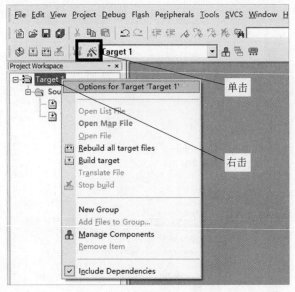

图 12.14　选择调试的项目

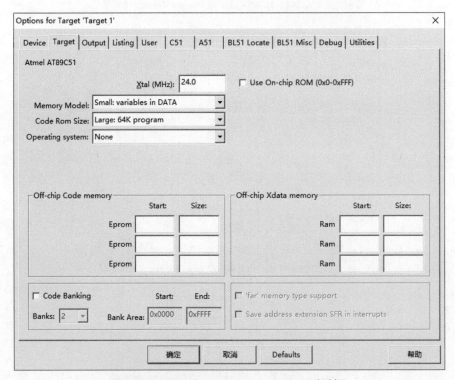

图 12.15　Options for Target 'Target 1'对话框

（2）Output 选项卡。如图 12.16 所示，选中 Create HEX File，即可生成单片机可以运行的二进制文件，其余选项保持默认设置。

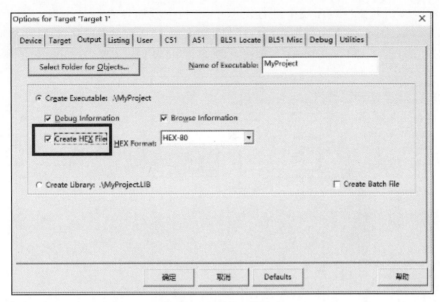

图 12.16　Output 选项卡

12.2.5　程序的编译与调试

单击工具栏的 Rebuild all target files(编译全部文件)按钮,开始编译程序,如果编译成功,开发环境下面会显示编译成功的信息,如图 11.17 所示。

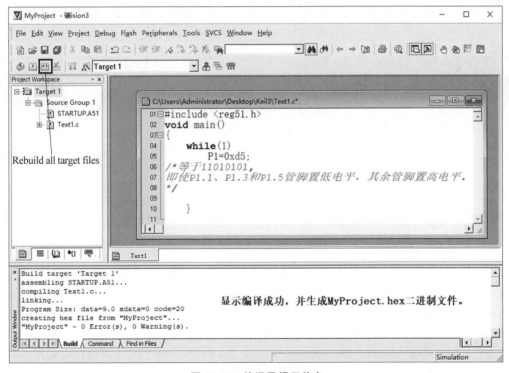

图 12.17　编译及提示信息

编译成功后,可在当前环境下进行模拟运行,检测程序是否运行正确。选中 Debug|Start/Stop Debug Session 菜单选项或按 Ctrl+F5 组合键,进入程序调试状态,如图 12.18 所示,再选中 Peripherals|I/O Ports|Port1 菜单选项,弹出 Parallel Port 1 窗口,如图 12.19 所示。

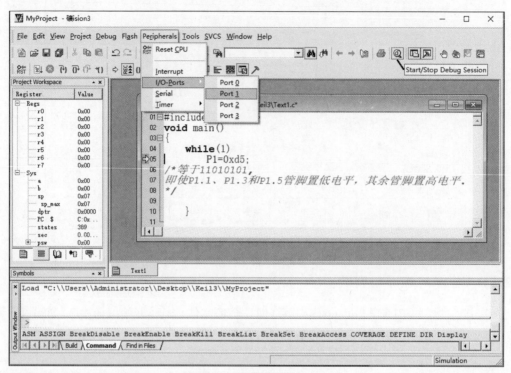

图 12.18　进入程序调试状态

单击工具栏中的 Run 按钮,如图 12.20 所示,这时 Parallel Port 0 窗口的 P0 按照程序指令发生了改变,如图 12.21 所示,说明程序运行正确。

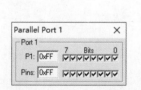

图 12.19　Parallel Port 0 端口初值

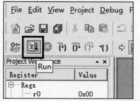

图 12.20　工具栏的 Run 按钮

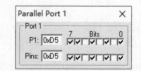

图 12.21　Port 1 的 I/O 状态改变

12.3　虚拟仿真工具 Proteus 简介

12-2.mp4

Proteus 是功能强大、性能优异的电子设计自动化软件,是数模混合电路以及微控制器系统设计与仿真平台,其工作主界面如图 12.22 所示。

Proteus 提供了大量元件库以及虚拟仪器仪表,在 Proteus 中通过调用相应元件设计出单片机应用系统的硬件原理图后,下载已编译好的扩展名为“＊.hex”的目标代码文件,可以在 Proteus 的原理图中看到模拟的实物运行状态和过程。

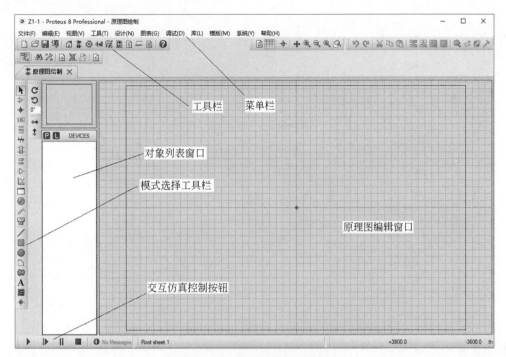

图 12.22 Proteus 工作主界面

Keil μVision3 软件设计与 Proteus 硬件设计相结合,降低了对单片机硬件结构了解程度的要求,可以在短时间内使用 C 程序开发出满足要求的单片机应用系统。

关于 Proteus 的使用方法,只介绍最基本的简单操作,Proteus 更详细的用法可参考介绍相关资料。

例 12.1 单片机控制引脚输出。

解题思路:用 Proteus 设计原理图,加载前面 12.3 生成的.hex 文件。具体步骤如下。

12-3.mp4

(1) 单击工作主界面窗口左侧的对象列表窗口上面的 P 按钮,在选择元器件的关键字输入"89C51"。在结果框内选中"AT98C51",如图 12.23 所示。

(2) 单击窗口右下角的"确定"按钮,把选中的 AT89C51 单片机添加到对象列表工具框中(如果调入其他元件也按同样流程),单击该单片机,再单击原理图编辑窗口,把选择的单片机调入编辑窗口,通过鼠标滚轮缩放合适大小,并拖到合适位置,即完成基本电路图的设计,如图 12.24 所示。

(3) 因为 AT89C51 单片机自带默认电源,所以不需要单独供电,这时可单击窗口左下角的交互仿真控制按钮中的"运行仿真"按钮,单片机进入带电运行状态,如图 12.25 所示。

(4) 由于没有下载程序,所以单片机 P1 口的各个引脚默认输出均为高电平。单击"停止仿真"按钮后,再双击单片机,进入"编辑元件"对话框,如图 12.26 所示。

(5) 单击 Program File 文本框的打开文件按钮,弹出"选中文件名"对话框,如图 12.27 所示。选择前面已经生成的 MyProject.hex 二进制文件,单击"打开"按钮,返回如图 12.26 所示的对话框。此时,在 Program File 文本框中会显示文件 MyProject.hex,单击"确定"按钮,完成文件的下载。

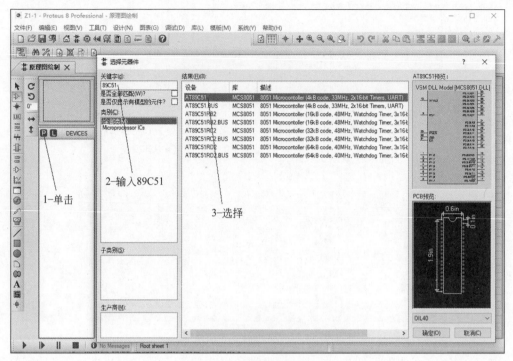

图 12.23 选中 89C51 单片机

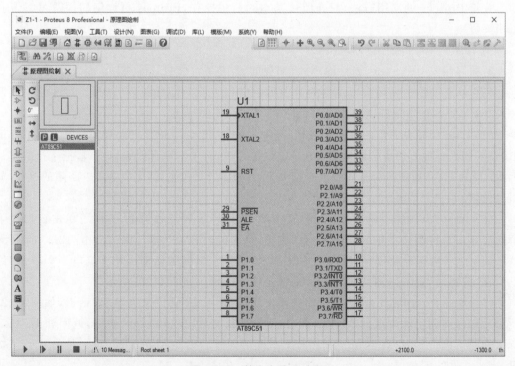

图 12.24 基本电路设计图

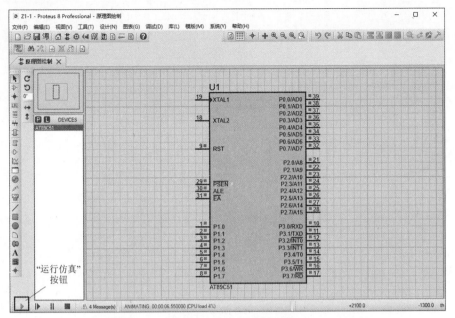

图 12.25　单片机运行仿真

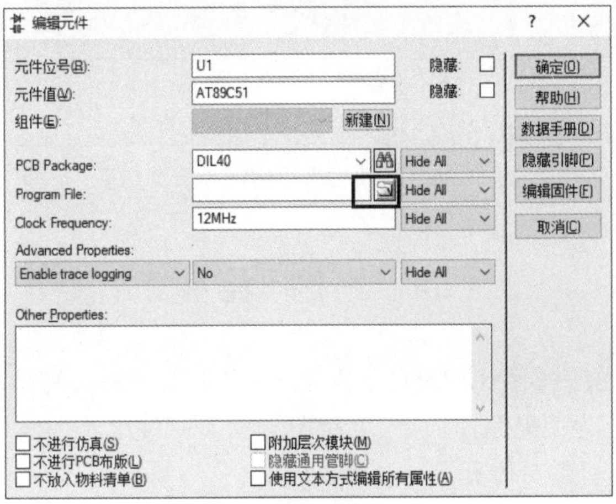

图 12.26　"编辑元件"对话框

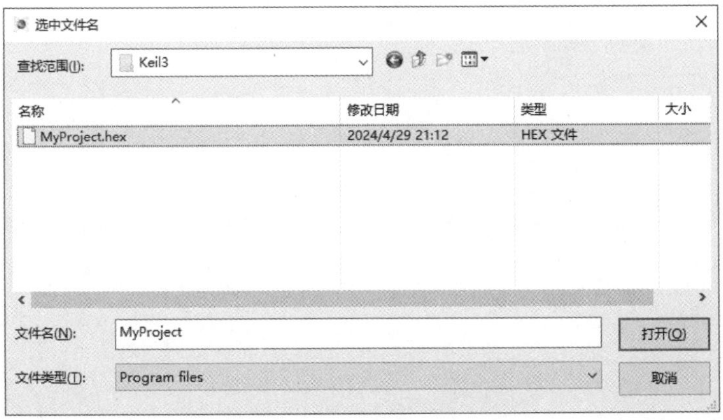

图 12.27　"选中文件名"对话框

（6）再单击"运行仿真"按钮，可观察到 P1.1、P1.3 和 P1.5 已变成蓝色，表示程序已将其置为低电平，如图 12.28 所示。

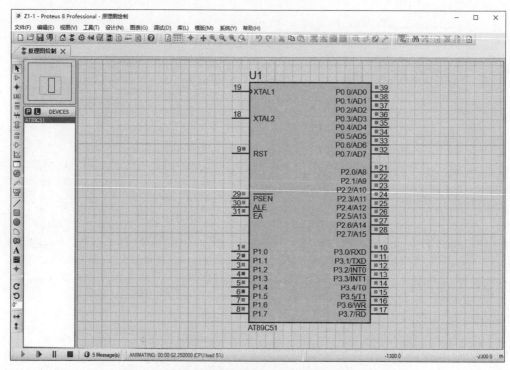

图 12.28 下载程序后运行的仿真结果

12.4 案例：流水灯

12-4.mp4

例 12.2 控制发光二极管（LED）自下而上，再自上而下地反复循环点亮流水灯，基本原理图如图 12.29 所示。为使电路图简洁，电路中省去了时钟电路和复位电路，因为单片机使用的是默认电源，所以不影响仿真。

解题思路： 由于要轮流点亮 8 个 LED，因此可以通过 C 程序中的移位运算符">>"和"<<"把送到 P1 端口控制显示的数据移位，控制 LED 的依次点亮。可以在例 12.1 建立的工程里修改 Text1.c 文件，编译后下载运行。

程序代码如下：

```c
#include <reg51.h>
void delay()                          //延时函数
{
    unsigned char i,j;
    for (i=0;i<255;i++)
        for (j=0;j<255;j++)
            ;
}
void main()
```

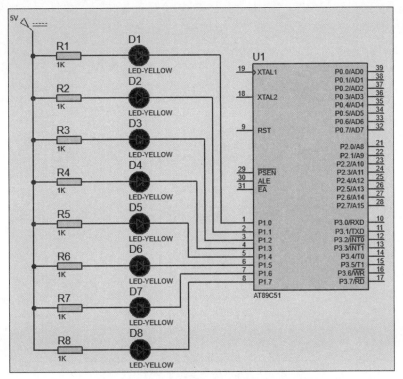

图 12.29　单片机控制的流水灯点亮原理图

```
{
    unsigned char i,t;
    while (1)
    {
        t=0x80;                    //赋右移初值 1000 0000
        for (i=0;i<8;i++)
        {
            P1=~t;                 //t 中的数值取反后送 P1 端口(低电平点亮)
            delay();               //延时
            t=t>>1;                //t 中的数据右移 1 位
        }
        t=0x01;                    //赋左移初值 0000 0001
        for (i=0;i<8;i++)
        {
            P1=~t;                 //t 中的数值取反后送 P1 口(低电平点亮)
            delay();               //延时
            t=t<<1;                //t 中的数据左移 1 位
        }
    }
}
```

　　例 12.3　开关状态检测。利用单片机、开关和 LED,组建一个模拟开关灯的系统。原理电路图如图 12.30 所示,单片机的 P1.3 连接开关,P1.0 连接 LED 的阴极。当开关打开时,LED 熄灭;当开关按下时,LED 点亮。

12-5.mp4

解题思路：通过检测 P1.3 引脚的电平判断开关是否被按下。如果为低电平"0"，则开关为按下状态；如果为高电平"1"，则开关为打开状态。

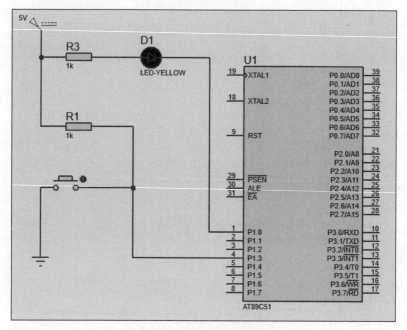

图 12.30　模拟开关灯的连接

程序代码如下：

```
#include <reg51.h>
sbit in=P1^3;
sbit out=P1^0;
void main()
{
    while (1)
    {
        in=1;               //设置 P1.3 引脚为输入
        if (in==0)
            out=0;
        else
            out=1;
                            //检测 P1.3,P1.3=0 时,P1.0=0;P1.3=1 时,P1.0=1
    }
}
```

思考：能否将上面程序中的 if 语句改为 out=in?

例 12.4　利用定时器功能，使数码管依次显示 0、1、2、3、4、5、6、7、8、9，循环进行，间隔时间为 1s。原理电路图如图 12.31 所示。

解题思路：要使数码管显示数字，需要为每个控制引脚设置不同的高低电平。如图 12.31 所示，单片机的 P0 端口的 P0.0～P0.6 引脚分别对应数码管的 7 个引脚，通过程序使 P0.0～P0.6 引脚以十六进制数的形式设置高低电平，即可控制数码管显示 0～9，图中的数

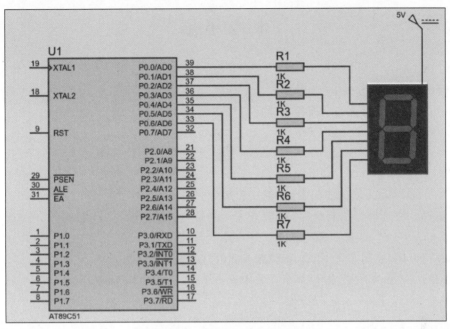

图 12.31　用单片机驱动数码管

码管为共阳极。

程序代码如下：

```
#include <reg51.h>
unsigned char d[]={0xc0,0xf9,0xa4,0xb0,0x99,0x92,0x82,0xf8,0x80,0x90,0x01};
void delay()                      //延时函数
{
    unsigned char i,j,k;
    for (i=0;i<255;i++)
        for (j=0;j<255;j++)
            for (k=0;k<3;k++)     //可根据情况调整速度
                ;
}
void main()
{
    int n=0;
    while(1)
    {
        P0=d[n];
        delay();
        n++;
        if (n==10)n=0;
    }
}
```

本 章 小 结

Keil C51 程序是针对嵌入式的开发软件,语法完全兼容标准 C,位运算相对较多,通过创建工程,添加文件方式进行程序设计,最后生成单片机可执行的二进制文件。使用 Proteus 仿真软件可以更好地模拟实际运行状态。

习 题 12

1. Keil μVision3 软件如何安装、调试和运行?

2. 编写 8 位流水灯控制程序,每次点亮一个灯,按照 0→1→2→3→4→5→6→7→0→1→2→3→4→…→7 的形式循环运行。

3. 编写程序,控制 8 个 LED,交替点亮偶数灯和奇数灯。

4. 编写 3-2 表决系统,即设 3 个开关中有 2 个以上闭合,LED 点亮。

第 13 章　MySpringC 程序设计

13.1　MySpringC 开发环境

13-0.mp4

MySpringC 是一款简化的 C 语言编译器。主要用于科学计算、个人娱乐和个性化的设备控制等场合。

MySpringC 运行在 Android 平台上，是 Android 平台的一款应用。使用该编译器可以编写简单的 C 语言程序，编写完成后，经过编译、运行可得到结果。MySpringC 支持的 C 与普通的 C 非常类似，程序从 main() 开始运行，支持各种数据类型和常用的循环、条件、数组、函数、全局变量和局部变量。

运行界面如图 13.1 所示。

MySpringC 没有复杂的语法，可视为简化的 C 语言，只要具备 C 语言的基本知识，就能够很快掌握其编程方法。程序从大家熟悉的 main() 开始，变量也区分字母的大小写，可以使用的数据类型有 byte、short、int、long、float、double、string；可以使用的控制流有 if、else、goto、for、while、break、continue 等。程序编写完成后，单击图 13.1 所示界面左上角的"运行"按钮，即可得到运行结果。MySpringC 不仅可以编

图 13.1　MySpringC 的运行界面

写简单的 C 语言程序，而且它用极其简单的方式读取手机中各种传感器的数值，控制各种多媒体设备，快速绘图，同时用户可定义定时器、来电去电、短信等过滤函数，对来电和短信接收进行处理。略有 C 语言基础的人，就可用 C 语言控制手机，编写出意想不到的、适合自己使用的应用程序。

例 13.1　求解一元二次方程 $ax^2+bx+c=0$ 的实数根。已知 $a=1$、$b=2$、$c=3$，以函数调用的形式进行求解。

解题思路：编写函数 getRoot，计算 $t=b^2-4ac$，t 大于 0，输出两个不等实根，t 等于 0，输出两个相等实根，t 小于 0，输出"方程在实数范围内无解"。通过主函数调用。

13-1.mp4

程序代码如下：

```
main()
{
    getRoot(1.0,-2.0,-3.0);
    return;
}
//求解形如 ax * x+b * x+c=0 方程的根
```

```
void getRoot(float a,float b,float c)
{
    float x1,x2;
    float t;
    t=b*b-4*a*c;
    if (t>0)
    {
        print "x1=",-b/(2*a)+sqrt(t)/(2*a);
        print "x2=",-b/(2*a)-sqrt(t)/(2*a);
    }
    else if (t==0)
    {
        print "x1=x2=",-b/(2*a);
    }
    else
    {
        print "方程在实数范围内无解";
    }
    return ;
}
```

程序运行结果如下：

```
x1=3.0
x2=-1.0
```

13.2　MySpringC 支持的数据类型

MySpringC 支持的数据类型如表 13.1 所示。

表 13.1　MySpringC 支持的数据类型

关 键 字	数 据 类 型	处理数据范围
byte	字节	$-128\sim127$
short	短整型	$-2^{15}\sim2^{15}-1$
int	整型	$-2^{31}\sim2^{31}-1$
long	长整型	$-2^{63}\sim2^{63}-1$
float	实型	4 字节单精度实型
double	双精度	8 字节双精度实型
string	字符串	字符串最多支持 124 个字符

使用时,应注意以下几点。

1. 常数类型后缀

（1）b：字节型。给 byte 型变量赋值时,常数必须带后缀 b,例如：

```
byte x=123b;
```

如果写成

```
byte x=123;
```

则在编译时会报错,提示数值类型不同,不能赋初值。

(2) s：短整数。给 short 型变量赋值时,常数必须带后缀 s,例如：

```
short x=1234s;
```

2. 关于全局变量和局部变量

全局变量可以定义在函数体外任何位置,不管其定义出现的先后,任何语句都可以参考引用,局部变量只在函数体内有效,可以定义在语句中间,但不能定义在语句块内部,如 if、for、while 等,同时局部变量定义应该出现在被引用之前。

3. 关于数组

与标准 C 一样,数组在使用前必须先定义其数据类型和数组的大小。

4. 程序保存形式

编辑好的文件是以".c"的形式(编码为 ANSI)保存在手机里指定的文件夹中。

5. MySpringC 与标准 C 的差异

(1) 不支持指针、结构和联合体。

(2) 不使用 include 语句。

(3) 不支持 switch…case 语句。

(4) 不支持数组、字符串变量赋初值。但普通变量可以,例如：int a＝3。

(5) 不支持位运算。

(6) i＋＋、i－－只可用在单独的 i＋＋语句中,不能出现在运算表达式里。

13.3 MySpringC 支持的语句

13.3.1 变量定义与赋值

(1) 变量定义。

```
数据类型或系统对象类型 变量名;
```

例如：

```
int i;            //定义一个变量 i
float x,y,z;      //定义了 x、y、z 这 3 个浮点变量
int a[100];       //定义了 1 字节数组,有 100 个元素,索引从 0 开始
```

(2) 变量赋值。变量名＝ 表达式。

例如：

```
i=3;                   //将 3 赋给变量 i
a[10]=12;              //将 12 赋给数组 a 的第 11 个元素
```

（3）强制类型转换。包括（byte）、（short）、（int）、（long）、（float）和（double），使用方法和标准 C 完全相同。

13.3.2 控制流

1. 条件语句

（1）单分支 if 语句。

格式：

```
if (逻辑表达式)
{
    语句块;
}
```

（2）双分支 if 语句。

格式：

```
if (逻辑表达式)
{
    语句块;
}
else
{
    语句块;
}
```

（3）嵌套的 if 语句。

格式：

```
if (逻辑表达式)
{
    语句块;
}
else if (逻辑表达式)
{
    语句块;
}

else
{
    语句块;
}
```

2. 循环语句

（1）for 循环语句。

格式：

```
for (初值语句组;逻辑表达式;增量语句组)
{
    语句组;
}
```

或

```
for (初值语句组;;增量语句组)
{
    语句组;
}
```

（2）while 语句。
格式：

```
while(逻辑表达式)
{
    语句组;
}
```

3. 控制语句

控制语句包括 continue 语句、break 语句和 goto 语句，与标准 C 完全相同。

例 13.2　使用 goto 语句进行转向。

程序代码如下：

13-2.mp4

```
main()
{
    int x=1;
    int i;
    for(i=1;i<30;i++)
    {
        print x;
        x=x+1;
        if (x>=11)
        goto AAA;                    //提前结束循环
    }
    AAA:                    //标号
    print "prg end!";
}
```

以上代码等价于下列代码：

```
main()
{
    int x=1;
    int i;
    for (i=1;i<30;i++)
    {
```

```
        print x;
        x=x+1;
        if (x>=11) break;                    //不使用 goto 语句
    }
    print "prg end!";
}
```

程序运行结果如下：

```
1
2
3
4
5
6
7
8
9
10
prg end!
```

13.3.3 屏幕输出语句 print

屏幕输出语句 print 的格式如下：

```
print 表达式;
print 表达式,…,表达式;
print;
```

说明：在 MySpringC 中，print 语句与标准 C 的 printf()函数基本相同，都是在屏幕上
输出数据，区别是 print 语句后面的参数没有格式控制符，直接是需要输出的表达式，如果
有多个表达式或常量，中间用“,”分隔，最后是“;”结束。

例 13.3 使用 print 语句输出数据。

程序代码如下：

13-3.mp4

```
main()
{
    int a=5,b=3;
    float c;
    c=7.6;
    print 1,"+",2,"=",1+2;
    print a,"/",b,"=",a/b;
    print c,"/",b,"=",c/b;
    print a," * ",b,"=",a * b;
    print a," * ",c,"=",a * c;
    print c," * ",b,"=",c * b;
}
```

程序运行结果如下：

```
1+2=3
5/3=1
7.6/3=2.5333333
5 * 3=15
5 * 7.6=38.0
7.6 * 3=22.8
```

13.3.4　用户交互界面

为了方便用户输入信息，系统提供了不同的信息提示和输入界面，具体如下。
（1）可自动消失的消息框。

```
disMsg(int mode,string msg)
```

用于显示一个能自动消失的提示消息框。其中，mode=0 表示短时间（1 秒），mode=1 表示长时间（3 秒），msg 表示显示的消息内容。
（2）通知提醒框。

```
msgBox(string title,string msg);
```

用于显示一个消息框，在按"确定"或"取消"按钮后关闭。
（3）确认框。

```
int msgBoxEx(string title,string msg);
```

用于显示一个消息，在按"确定"或"取消"按钮后关闭。与 msgBox()不同，msgBoxEx()有返回值，返回 0 表示用户按了"取消"按钮，返回 1 表示用户按了"确定"按钮。
（4）输入确认框。
① 输入字符串。

```
string stringInput(string title,string prompt);
```

用于显示一个对话框以输入一个字符串，其中 title 为对话框标题，prompt 表示输入的提示内容。
② 输入数字。

```
double doubleInput(string title,string prompt);
```

用于显示一个对话框以输入一个 double 型数值。
例 13.4　用户交互界面设计。
程序代码如下：

```
main()
{
    string msg;
```

13-4.mp4

```
    double a;
    disMsg(0,"短时间(1秒)");
    disMsg(1,"长时间(3秒)");
    msgBox("这是标题","提示信息");
    print msgBoxEx("这是标题","返回信息：按"0"取消,按"1"确定");
    msg=stringInput ("字符串输入","请输入一个字符串");
    print msg;
    msgBox("这是刚输入的信息",msg);
    a=doubleInput ("浮点数输入","请输入一个浮点数");
    print a;
}
```

程序运行结果如下：分别显示各消息对话框。

13.4 常用的函数

13.4.1 数学函数

系统支持的数学函数如下：

```
double sin(double x)              //x为弧度值
double cos(double x)
double tan(double x)
double asin(double x)             //arcsin(x)
double acos(double x)
double atan2(double y,double x)   //arctan(y/x)
double pow(double x,double y)     //计算 x 的 y 次幂
double sqrt(double x)             //x 的平方根
double signum(double x)           //取得 x 的符号,x>0 返回 1,x <0 返回-1,x=0 返回 0
double ln(double x)               //自然对数(以 e 为底)
double log(double x)              //常用对数(以 10 为底)
double absd(double x)             //取绝对值
long absl(long x)                 //取绝对值(长整型)
double random()                   //得到 0.0～1.0 的双精度伪随机数
```

例 13.5 输出数学函数。

程序代码如下：

13-5.mp4

```
main()
{
    float Pi,x,y;
    int i;
    Pi=3.14159;
    x=30;
    y=2;
    print sin(x * Pi/180);
    print cos(x * Pi/180);
```

```
        print tan(x * Pi/180);
        print asin(1);
        print acos(0.5);
        print atan2(2,1.2);                //arctan(y/x)
        print pow(x,y);                    //计算 x 的 y 次幂
        print sqrt(x);                     //x 的平方根
        print signum(x);                   //取得 x 的符号,x>0 返回 1,x <0 返回-1,x=0 返回 0
        print ln(x);                       //自然对数(以 e 为底)
        print log(x);                      //常用对数(以 10 为底)
        print absd(-2.3);                  //取绝对值
        print "以下输出 5 个 0～1 的随机数";
        for (i=1;i<=5;i++)
        {
            print random();               //得到 0.0～1.0 的双精度伪随机数
        }
}
```

程序运行结果如下:

```
0.49999965128439494
0.8660256051153935
0.5773497323070171
1.5707963267948966
1.0471975511965979
1.0303768089935348
900.0
5.477225575051661
1.0
3.4011973816621555
1.4771212547196624
2.299999952316284
以下输出 5 个 0～1 的随机数
0.8298709743894299
0.6126874826457878
0.430007660821754
0.12135450827763639
0.776953538693786
```

说明:MySpringC 的浮点数输出没有格式控制,如果要设置小数点后面的位数可以用字符串函数进行处理。

13.4.2 字符串函数

系统支持的字符串函数如下:

```
int len(string s)                                    //得到字符串长度
string subString(string s,int start,int len)         //获取子字符串,start 从 0 开始
string intToString(int i)                            //整型数转字符串
string floatToString(float f)                        //浮点数转字符串
```

```
int inStr(string source,string lookup,int start)  /* 查找字符串 lookup 是否在 source
    中,start 为起始查找位置,返回">=0"表示 lookup 字符串在 source 中的位置,注意,start
    和返回的位置都是以 0 为基的,即字符串中的第一个字符位置为 0 */
string lowerCase(string s)                          //将字符串转换成小写
string upperCase(string s)                          //将字符串转换成大写
string trim(string s)                               //去掉字符串前后的空格
```

例 13.6 字符串函数输出。

程序代码如下:

13-6.mp4

```
main()
{
    string s;
    int a=24;
    float x;
    s="ABCdefG";
    x=2.34567;
    print len(s);
    print lowerCase(s);                //将字符串转换成小写
    print subString(s,2,4);            //截取序号为 234 的子字符串
    print intToString(a);
    print floatToString(x);
    print ftostr(x,3);
}
string ftostr (float x,int d)
//自定义函数,返回指定位数的小数,没有四舍五入。保留 3 位小数
{
    string s;
    int n;
    s=floatToString(x);                //转换为浮点数串
    n=inStr(s,".",0);                  //查找小数点的位置
    return subString(s,0,n+d+1);
}
```

程序运行结果如下:

```
7
abcdefg
Cdef
2.34567
2.345
```

13.5　文本文件的读写

　　文本文件是几乎在所有计算机上都能编辑的文件,在 MySpringC 中,通过使用
TextFile 类对象,可以将数据写到文本文件中,永久地保存在存储卡上,需要的时候再读取
文件。常用的文件输入输出函数如表 13.2 所示。

表 13.2　常用的文件输入输出函数

函 数 名 称	功　　能	输 入 参 数	返回值及含义
Open(文件名)	打开存储卡上存在的文本文件	包含全部路径的文件名	0：成功。 1：对象非法。 2：文件不存在或遇到异常
New(文件名,覆盖标志)	在存储卡上创建一个文本文件	包含全部路径的文件名。覆盖标志： 若为 0,如果文件在卡上已经存在,则会返回错误； 若为 1,则先删除已经存在的文件,再新建一个文件	0：无错误
WriteString（字符串）	写一个字符串到文本文件,此方法只在 New 打开的文件有效	字符串	无
WriteFloat（浮点数）	写一个浮点数到文本文件,此方法只在 New 打开的文件有效	浮点数	无
WriteInt(整型数)	写一个整型数到文本文件。此方法只在 New 打开的文件有效	整型数	无
WriteNewLine()	添加一个换行符到文本文件	无	无
SetDivider(分隔符)	设置数据的分隔符	有效的分隔符是空格、逗号和分号。如果是空相当于换行	无
ReadString()	从文本文件中读一个字符串。此方法只在 Open 打开的文件有效	无	若无错误,则返回一个字符串,否则返回空串
ReadFloat()	从文本文件中读一个 float。此方法只在 Open 打开的文件有效	无	若无错误,则返回一个浮点数,否则返回 0
ReadInt()	从文本文件中读一个 int。此方法只在 Open 打开的文件有效	无	若无错误,则返回一个整型数,否则返回 0
IsEnd()	判断文件是否已经到文件尾		1：已经到文件尾,最后一次读为无效数据。 0：文件没有到文件尾
Close()	关闭文件,文件读写完成后应该调用此方法关闭文件	无	无

　　例 13.7　有 3 名学生张三、李四、王五,每人有数学、语文两门课的成绩,分别为 77、88、80、88、90、94,计算每人的平均成绩并保存到文本文件 Data.csv 中;再用 Excel 打开该文件并把读取的文件内容输出到屏幕上。文件格式如下:

13-7.mp4

```
姓名,数学,语文,平均
张三,77,88,82.5
李四,……
王五,……
```

解题思路：利用文件输入输出函数，建立新文件，计算平均值，写文件，再读取文件。
程序代码如下：

```
TextFile A;                                      //使用 TextFile 类声明 A 对象
main()
{
    string name[3];                              //姓名
    int i,G[3][2];                               //成绩
    float p[3];                                  //平均成绩
    string ff,s;
    name[0]="张三";
    name[1]="李四";
    name[2]="王五";
    G[0][0]=77;
    G[0][1]=88;
    G[1][0]=80;
    G[1][1]=88;
    G[2][0]=90;
    G[2][1]=94;
    ff="/storage/emulated/0/Music/Data.csv";     //也可以是 txt 文件
    A.New (ff,1);                                //建立新文件
    A.SetDivider(",");                           //设置分隔符
    A.WriteString("姓名,数学,语文,平均");         //文件头
    A.WriteNewLine();                            //换行
    for (i=0;i<=2;i++)                           //循环
    {
        A.WriteString(name[i]);
        A.WriteInt(G[i][0]);
        A.WriteInt(G[i][1]);
        A.WriteFloat((G[i][0]+G[i][1]) * 0.5);
        A.WriteNewLine();
    }
    A.Close();                                   //关闭文件,写入操作完成
    //下面是读取文件
    A.Open (ff);                                 //读文件
    A.SetDivider(",");                           //设置分隔符
    s=A.ReadString();
    s=s+" "+A.ReadString();
    s=s+" "+A.ReadString();
    s=s+" "+A.ReadString();
    print s;
```

```
for (i=0;;i++)
{
    s=A.ReadString();
    if (A.IsEnd()==1) break;                        //读取文件结束退出
    name[i]=s;
    G[i][0]=A.ReadInt();
    G[i][1]=A.ReadInt();
    p[i]=A.ReadFloat();
    print name[i]," ",G[i][0]," ",G[i][1]," ",p[i];
}
A.Close();                                          //关闭文件,读取操作完成
}
```

程序运行结果如下:

```
姓名  数学  语文  平均
张三  77    88    82.5
李四  80    88    84.0
王五  90    94    92.0
```

13.6 绘 图 功 能

使用 Canvas(画布)类对象可以方便地在屏幕上绘图,屏幕的左上角坐标为(0,0),右下角的大小由手机具体型号确定。常用绘图函数如表 13.3 所示。

表 13.3　常用的绘图函数　　　　　　　　　　　单位:像素

函 数 名 称	功 　 能	参 数 含 义
setDisplay(int nSource)	设置显示界面。该函数不属于 Canvas 类	0:传统的文本窗口。 1:图形界面
GetWindowSize(int nSize[2])	得到屏幕绘图区域的宽度和高度	需要事先定义整型数组 nSize[2]
Active()	激活当前画布,才能将图形显示到屏幕上,否则绘制的图形只是在内存缓冲区中	
SetStrokeWidth(float w)	设置绘制线宽	
SetFillMode(int nMode)	设置填充模式,主要影响闭合的图形	0:绘制轮廓,不填充。 1:填充
SetColor(int a, int r, int g, int b)	设置绘图颜色	a:不透明度,范围是 0～255,0 表示完全透明,255 表示完全不透明。 r:红色,范围是 0～255。 g:绿色,范围是 0～255。 b:蓝色,范围是 0～255

函 数 名 称	功　能	参 数 含 义
SetLineType(int nType)	设置绘图的线型	0：实线。 1：虚线1。 2：虚线2。 3：点画1。 4：点画2
SetBackground(int r, int g, int b)	设置绘图背景颜色	r：红色，范围是 0～255。 g：绿色，范围是 0～255。 b：蓝色，范围是 0～255
DrawPoint(float x, float y)	在画布上绘制一个点	
DrawPoints（float p［］, int start, int count）	绘制多个点	p［］：点的坐标。 start：开始位置的下标。 count：点的计数
DrawLine（float x_0, float y_0, float x_1, float y_1）	绘制一条直线	
DrawLines（float p［］, int start, int count）	绘制多个点连成的线	p［］：线上端点的坐标。 start：开始位置的下标。 count：点的计数
DrawRect（float x_0, float y_0, float x_1, float y_1）	绘制一个长方形	
DrawCircle（float x_0, float y_0, float r）	绘制一个圆	圆心(x_0, y_0)，半径 r
DrawOval（float x_0, float y_0, float a, float b, float angle）	绘制一个椭圆	(x_0, y_0)表示椭圆中心点坐标。 a、b：椭圆的长、短轴。 angle：旋转角度（顺时针，度）
DrawArc(float x_0, float y_0, float a, float b, float s_a, float e_a, float angle, int center)	绘制一段弧	(x_0, y_0)表示椭圆中心点坐标。 a、b：椭圆的长、短轴。 s_a、e_a：弧的起始角度和终止角度（角度是根据椭圆的参数方程：$x = a * \cos(alpha)$, $y = b * \sin(alpha)$确定）。 angle：旋转角度（顺时针，度）。 center：中心到弧的端点是否连线闭合，0表示不闭合，1表示闭合
SetTextSize(float size)	设置文字的高度	
SetTextStyle(int s)	设置文本的风格	0：正常。 1：黑体。 2：斜体。 3：黑斜体
DrawText（string s, float x_0, float y_0）	在(x_0, y_0)书写文字 s	
Update()	将当前画布的图形更新到系统显示	

例 **13.8**　设置绘图边界,在屏幕中心绘制圆,书写文字。如图 13.2 所示。

程序代码如下:

```
Canvas D;                              //使用 Canvas 类声明 D 对象进行绘图
main()
{
    setDisplay(1);                     //设置图形界面,假设屏幕有效尺寸:宽为 720,高为 1100
    D.SetBackground(255,255,255);      //设置白色背景
    D.Active();                        //激活当前画布
    D.SetStrokeWidth(4);               //画笔线宽
    D.SetFillMode(0);                  //0 表示不填色,1 表示填色
    D.SetColor(255,255,0,0);           //设置绘图颜色
    D.DrawRect(20,20,700,1100);        //绘制矩形
    D.DrawCircle(350,350,120);         //绘制圆
    D.SetFillMode(0);                  //0 表示不填色,1 表示填色
    D.SetStrokeWidth(4);               //画笔线宽
    D.SetColor(255,0,255,0);
    D.DrawRect(10,10,710,1110);
    D.SetColor(255,0,0,255);
    D.SetTextSize(80);                 //字高
    D.SetTextStyle(0);                 //正常
    D.SetStrokeWidth(2);               //画笔线宽
    D.SetTextTypeface("serif");
    D.DrawText("手机 CAD V1.0",100,800);
    D.Update();
}
```

例 **13.9**　绘制如图 13.3 所示的方形螺旋线,线宽为 2,边距 10,循环 20 次。

图 13.2　例 13.8 的运行结果　　　　图 13.3　例 13.9 的运行结果

程序代码如下:

```
Canvas D;                              //使用 Canvas 类声明 D 对象进行绘图
main()
```

```
{
    int i,w=20;
    int x=350,y=500;
    setDisplay(1);                          //设置图形界面,假设屏幕有效尺寸:宽为720,高为1100
    D.SetBackground(200,200,200);                       //设置灰色背景
    D.Active();                                         //激活当前画布
    D.SetStrokeWidth(2);                                //画笔线宽
    D.SetFillMode(0);                                   //0表示不填色,1表示填色
    D.SetColor (255,255,0,0);                           //设置绘图颜色
    D.SetFillMode(0);                                   //0表示不填色,1表示填色
    for (i=1;i<=20;i++)
    {
        if (pow(-1,i)==-1)
        {
            D.DrawLine(x,y,x+i*w,y);
            x=x+i*w;
            D.DrawLine(x,y,x,y-i*w);
            y=y-i*w;
        }
        else{
            D.DrawLine(x,y,x-i*w,y);
            x=x-i*w;
            D.DrawLine(x,y,x,y+i*w);
            y=y+i*w;
        }
    }
    D.Update();
}
```

13.7 收发短信

MySpringC 直接调用用于收发短信的函数,如表 13.4 所示。

表 13.4 用于收发短信的函数

函 数 名 称	功　　能	参　　数
sendAMessage(mode, phonenumber, msg)	发送短信	mode:0 表示显示发送短信界面,让用户进一步确认,1 表示直接发送。 phonenumber:接收短信的号码。 msg:短信内容,字符串形式
setMsgCallback(msgProc)	接收短信	函数返回 0 表示成功
msgProc(string phone_num,string msg)	短信回调函数	phone_num:来电的电话号码。 msg:短信内容

13-10.mp4

例 13.10 发送短信。

程序代码如下:

```
main()
{
    int n;
    n=sendAMessage(0,"166xxxxxxxx","新年快乐!");        //可能有授权提示
//  n=sendAMessage(1,"166xxxxxxxx","新年快乐!");        //直接发送
    print n;                                          //0表示发送成功
}
```

程序运行结果如下：

```
0 (发送成功)
```

例 13.11   接收短信。
程序代码如下：

13-11.mp4

```
main()
{
    setMsgCallback(msgProc);
    while () {}
}
msgProc(string phone_num,string msg)
{
    print "收到来自",phone_num,"的短信";
    print "内容是",msg;
}                                  //运行后处于等待状态,接收到新短信后显示来电号码和内容
```

程序运行结果如下：

```
(收到短信后)
收到来自+86166xxxxxxxx 的短信
内容是新年快乐!
```

例 13.12   短信查询系统设计。假定当前手机为自动查询机,收到短信后将内容处理后
自动回复。
程序代码如下：

13-12.mp4

```
main()
{
    setMsgCallback(msgProc);
    while () {}
}
msgProc(string phone_num,string msg)
{
    string s;
    print "收到来自",phone_num,"的短信";
    print "内容是",msg;
    s="您发送的是"+msg+"查询正确!";
    sendAMessage(1,phone_num,s);            //直接发送
}
```

程序运行结果如下：

收到来自+86166xxxxxxxx 的短信
内容是 123456abc
（自动回复：您发送的是 123456abc 查询正确！）

本 章 小 结

本章介绍了在手机环境下运行的 MySpringC 的基本内容，语法结构、数据类型、各类控
制语句与标准 C 类似，没有 include 和 scanf 语句，需要引入的函数通过类对象调用，输入参
数通过信息框实现，并列举了绘图及收发短信的详细示例。

习 题 13

1. 收到短信，自动显示在对话框中。

2. 编程计算两个 3×3 整数矩阵的和。

3. 用对话框输入一个整数，如果是素数则再显示确定对话框结束，否则继续输入。

4. 绘制由 200 个红色和绿色圆形组成的图形。要求：

（1）背景为白色。

（2）红、绿两种颜色的圆形相间排列且左上角的圆形为红色，其圆心坐标为（100,100），
半径为 20 像素。

（3）每行绘制 10 个圆形，共绘制 20 行。

第 14 章　C 语言编译器手机版

14-0.mp4

　　C 语言编译器手机版是一款非常精简的用于手机编程的 App，主要为 C 语言初学者提供了一些编程核心功能，能够随时编写验证一些小程序。该软件兼容很多低端 Android 设备，提供了核心的编辑、编译功能，可以直接从文件管理器中打开代码文件，方便用户在浏览器中浏览查看，支持代码高亮，自动补全功能。虽然不支持图形库，不能导出 APK，但是并不影响正常使用。其界面如图 14.1 所示。

图 14.1　C 语言编译器手机版的界面

14.1　软件特色

　　C 语言编译器手机版特色如下。
　　(1) 操作简单，能给用户提供轻松有效的管理服务。
　　(2) 提供了核心的编辑、编译功能，能够随时随地验证一些小程序。
　　(3) 可以直接从文件管理器中打开代码文件，方便用户在浏览器中浏览查看。
　　(4) 支持 printf()输出函数和 scanf()输入函数。

14.2　使用方法

　　C 语言编译器手机版的使用方法。
　　(1) 打开 C 语言编译器 App 之后即可直接在手机上编写代码，其界面如图 14.2 所示，在页面正下方有各种常用代码符号可以快速输入，不用在英文、汉字、数字等界面之间反复切换，提高了代码输入效率。编写完程序后如果要运行，则按单击右上角的"运行"按钮。

图 14.2　编辑窗口

（2）按"运行"按钮之后，能够得到程序的输出，如图 14.3 所示。

（3）菜单说明。如图 14.4 所示，右上角的菜单选项如下。

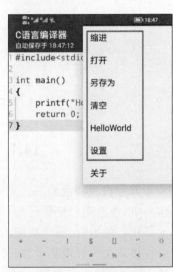

图 14.3　查看运行结果　　　　　　图 14.4　菜单选项

① 缩进：代码编写完成后，可以按右上角的菜单，选择缩进可以进行格式调整。

② 打开：打开原有的文件。

③ 另存为：将正在编辑的文件另存为一个新文件。

④ 清空：将正在工作区的程序代码清空。

⑤ 设置：对编辑器的显示、主题、文件编码等进行设置，如图 14.5 所示。

例 14.1　用 scanf() 函数输入整数 a 和 b，输出 $a+b$ 的值。其步骤如下。

（1）输入程序，如图 14.6 所示。

（2）按右上角的"运行"按钮，双击屏幕，出现输入界面，调整为数字模式，按输入格式输入数据，如图 14.7 所示。

图 14.5　设置选项

图 14.6　程序编辑界面

图 14.7　程序运行结果

（3）按右下角的换行，得到运行结果，再按"换行"按钮，回到程序编辑状态。

本 章 小 结

C 语言编译器是一款非常精简的 App，兼容 C 标准，主要为 C 语言初学者提供核心的功能，该软件支持直接从文件管理器中打开代码文件，方便用户浏览查看。但是不支持图形库，也不能导出 APK。

习　题　14

1. 编程求 $1!+2!+3!+\cdots+10!$ 的值。

2. 求 1000 以内的水仙花数，即一个三位数的各位数字立方和等于该数本身。

3. 求解一元二次方程 $ax^2+bx+c=0$ 的解，要求输入 a、b、c，计算所有可能的解。

附　　录

附录 A 常用字符 ASCII 码值对照表

常用字符的 ASCII 码值如表 A.1 所示。

表 A.1　常用字符的 ASCII 码值

十 进 制 数	字　符	十 进 制 数	字　符	十 进 制 数	字　符
32	（Space)	64	@	96	`
33	!	65	A	97	a
34	"	66	B	98	b
35	#	67	C	99	c
36	$	68	D	100	d
37	%	69	E	101	e
38	&	70	F	102	f
39	'	71	G	103	g
40	(	72	H	104	h
41	)	73	I	105	i
42	*	74	J	106	j
43	+	75	K	107	k
44	,	76	L	108	l
45	—	77	M	109	m
46	.	78	N	110	n
47	/	79	O	111	o
48	0	80	P	112	p
49	1	81	Q	113	q
50	2	82	R	114	r
51	3	83	S	115	s
52	4	84	T	116	t
53	5	85	U	117	u
54	6	86	V	118	v
55	7	87	W	119	w
56	8	88	X	120	x
57	9	89	Y	121	y
58	:	90	Z	122	z
59	;	91	[	123	{
60	<	92	\	124	|
61	=	93	]	125	}
62	>	94	^	126	~
63	?	95	_	127	DEL

附录 B C 语言关键字

C 语言的关键字如表 B.1 所示。

表 B.1 C 语言的关键字

序 号	关 键 字	说 明
1	auto	声明自动变量
2	short	声明短整型
3	int	声明整型
4	long	声明长整型
5	float	声明单精度浮点型
6	double	声明双精度浮点型
7	char	声明字符型
8	struct	声明结构体类型
9	union	声明联合(共用)类型
10	enum	声明枚举类型
11	typedef	重命名数据类型
12	const	声明只读变量
13	unsigned	声明无符号类型
14	signed	声明有符号类型
15	extern	声明外部变量
16	register	声明寄存器变量
17	static	声明静态变量
18	volatile	说明变量在程序执行中可隐含地被改变
19	void	声明函数无返回值或者无参数,声明无类型指针
20	if	条件语句
21	else	条件语句否定分支(与 if 连用)
22	switch	用于开关语句
23	case	开关语句分支
24	default	开关语句中默认分支
25	for	循环语句
26	do	循环语句循环体

序　号	关　键　字	说　明
27	while	循环语句的循环条件
28	continue	结束当前循环,开启下一轮循环
29	break	跳出当前循环
30	goto	无条件跳转语句
31	sizeof	计算数据类型长度
32	return	子程序返回语句(可以带参数,也可以不带参数)

附录 C 常用库函数

1. 数学函数

C 语言提供了很多用于数学计算的函数,要使用这些数学函数,在程序文件头必须加入头文件包含 #include <math.h>。数学函数如表 C.1 所示。

表 C.1 数学函数

函 数 原 型	功 能	说 明
int abs(int x)	求整数 x 的绝对值	
double fabs(double x)	求 double 数 x 的绝对值	
int rand(void)	产生 −90～32767 的随机数	
double sqrt(double x)	求 x 的平方根	返回值为 double 型
double pow(double x,double y)	计算 x 的 y 次幂	
double exp(double x)	计算 e 的双精度实数 x 次幂	
double log(double x)	计算以 e 为底的双精度实数 x 的对数 $\ln(x)$	e=2.718281828
double log10(double x)	计算以 10 为底的双精度实数 x 的对数 $\lg(x)$	
double sin(double x)	计算双精度实数 x 的正弦值	x 单位为弧度
double cos(double x)	计算双精度实数 x 的余弦值	
double tan(double x)	计算双精度实数 x 的正切值	
double asin(double x)	计算双精度实数 x 的反正弦值	
double acos(double x)	计算双精度实数 x 的反余弦值	
atan(double x)	计算双精度实数 x 的反正切值	
double sinh(double x)	计算双精度实数 x 的双曲正弦值	
double cosh(double x)	计算双精度实数 x 的双曲余弦值	
double tanh(double x)	计算双精度实数 x 的双曲正切值	
double fmod(double x,double y)	计算双精度实数 x/y 的余数,余数使用 x 的符号	
double modf(double x,double * ip)	把 x 分解为整数和小数部分,x 为双精度浮点数,ip 为整数部分指针,返回结果为小数部分	

2. 字符串处理函数

C 语言提供了丰富的字符串处理函数,使用这些函数大大减轻编程的负担,在程序文件头必须加入头文件包含 #include< string.h>。字符串处理函数如表 C.2 所示。

表 C.2　字符串处理函数

函 数 原 型	功　能	说　明
int strlen(char * d)	计算字符串 d 的长度值	终止符'\0'不计入
char * strcat(char * d,char * s)	连接字符串 s 到字符串 d	返回字符串 d
char * strcpy(char * d,char * s)	复制字符串 s 到字符串 d	返回字符串 d
char strncpy(char * d,char * s,int n)	复制字符串 s 中至多 n 个字符到字符串 d	如果 s 小于 n 个字符,用'\0'补上,返回字符串 d
strcmp(字符数组名 1,字符数组名 2)	比较字符数组名 1 和字符数组名 2 的大小	如果字符串 1 等于字符串 2,则返回值为 0;如果字符串 1 大于字符串 2,则返回值为正数;如果字符串 1 小于字符串 2,则返回值为负数
char * strlwr(char * d)	将字符串 d 转为小写字母	
char * strupr(char * d)	将字符串 d 转为大写字母	

3. 字符函数

对字符的操作,在程序文件头必须加入头文件包含 #include< ctype.h>。字符函数如表 C.3 所示。

表 C.3　字符函数

函 数 原 型	功　能	说　明
int isalnum(int c)	判断 c 是否为字母或数字	若是,返回 1,否则返回 0
int isalpha(int c)	判断 c 是否为字母	若是,返回 1,否则返回 0
int iscntrl(int c)	判断 c 是否为一个控制符	若是,返回 1,否则返回 0
int isdigit(int c)	判断 c 是否为一个数字	若是,返回 1,否则返回 0
int isgraph(int c)	判断整数 c 是否可打印(非空格)	若是,返回 1,否则返回 0
int islower(int c)	判断整数 c 是否为小写字母	若是,返回 1,否则返回 0
int isprint(int c)	判断整数 c 是否可打印(含空格)	若是,返回 1,否则返回 0
int ispunct(int c)	判断整数 c 是否可打印(除空格、字母或数字外)	若是,返回 1,否则返回 0
int isspace(int c)	判断整数 c 是否为一个空格	若是,返回 1,否则返回 0
int isupper(int c)	判断整数 c 是否为大写字母	若是,返回 1,否则返回 0
int isxidigit(int c)	判断整数 c 是否为十六进制数字	若是,返回 1,否则返回 0

4. 转换函数

转换函数主要用来不同数据类型之间的转换,在程序文件头必须加入头文件包含 #include < stdlib.h>。转换函数如表 C.4 所示。

5. 输入输出函数

用来实现程序中的输入与输出操作,在程序文件头必须加入头文件包含 #include < stdio.h>。输入输出函数如表 C.5 所示。

表 C.4　转换函数

函数原型	功　能	说　明
int atoi(string)	转换一个 ASCII 字符串为一个整数,在第一个非整数字符处停止	
double atof(string)	转换一个 ASCII 字符串为一个双精度数,在第一个不能被解释为一个双精度数的字符处停止	
string itoa(int, char *, int)	转换一个整数为一个 ASCII 字符串	为返回的字符串分配的空间必须足够大于被转换的数值

表 C.5　输入输出函数

函数原型	功　能
int getchar()	向标准输出设备读出一个字符
int putchar()	从标准输入设备写入一个字符
int scanf(char * format[,argument…])	从标准输入设备读入格式化后的数据
int printf(char * format[,argument…])	向标准输出设备输出格式化字符串
char * gets(char * string)	从标准输入设备读入一个字符串
int puts(char * string)	向标准输出设备输出一个字符串
int fclose(FILE * stream)	关闭流 stream
FILE * fopen(const char * filename, const char * mode)	使用给定的模式 mode 打开 filename 所指向的文件
size_t fread(void * ptr, size_t size, size_t nmemb, FILE * stream)	从给定流 stream 读取数据到 ptr 所指向的数组中
int fseek(FILE * stream, long int offset, int whence)	设置流 stream 的文件位置为给定的偏移 offset,参数 offset 意味着从给定的 whence 位置查找的字节数
size_t fwrite(const void * ptr, size_t size, size_t nmemb, FILE * stream)	把 ptr 所指向的数组中的数据写入给定流 stream 中
int fprintf(FILE * stream, const char *format,…)	发送格式化输出到流 stream 中
int fscanf(FILE * stream, const char *format,…)	从流 stream 读取格式化输入
int fgetc(FILE * stream)	从指定的流 stream 获取下一个字符(一个无符号字符),并把位置标识符往前移动
char * fgets(char * str, int n, FILE *stream)	从指定的流 stream 读取一行,并把它存储在 str 所指向的字符串内。当读取($n-1$)个字符时,或者读取到换行符时,或者到达文件末尾时,它会停止,具体视情况而定
int fputc(int char, FILE * stream)	把参数 char 指定的字符(一个无符号字符)写入指定的流 stream 中,并把位置标识符往前移动
int fputs(const char * str, FILE *stream)	把字符串写入指定的流 stream 中,但不包括空字符

函 数 原 型	功　能
int getc(FILE * stream)	从指定的流 stream 获取下一个字符(一个无符号字符),并把位置标识符往前移动
int putc(int char, FILE * stream)	把参数 char 指定的字符(一个无符号字符)写入指定的流 stream 中,并把位置标识符往前移动

附录 D RGB 颜色对照表

RGB(255,255,255)是光的三原色,也即红绿蓝(Red Green Blue),它们的最大值是255,相当于100%。常见的颜色为白色(255,255,255)、黑色(0,0,0)、红色(255,0,0)、绿色(0,255,0)、蓝色(0,0,255)、青色(0,255,255)、紫色(255,0,255),调整 RGB 的相关数字,便可以得到深浅不一的各种颜色。RGB 颜色对照表如表 D.1 所示。

表 D.1 RGB 颜色对照表

颜色样式	RGB 数值	颜色样式	RGB 数值	颜色样式	RGB 数值
黑色	0,0,0	灰色	192,192,192	白烟灰	245,245,245
白色	255,255,255	暖灰	128,118,105	杏仁灰	255,235,205
象牙黑	88,87,86	象牙灰	251,255,242	蛋壳灰	252,230,202
天蓝灰	202,235,216	石板灰	118,128,105	贝壳灰	255,245,238
冷灰	128,138,135	亚麻灰	250,240,230	红色	255,0,0
黄色	255,255,0	珊瑚红	255,127,80	黑红	116,0,0
镉红	227,23,13	金黄	255,215,0	绿色	0,255,0
镉黄	255,153,18	番茄红	255,99,71	棕色	128,42,42
砖红	156,102,31	肉黄	255,125,64	青色	0,255,255
香蕉黄	227,207,87	粉红	255,192,203	土色	199,97,20
粉黄	255,227,132	深红	255,0,255	黑黄	85,102,0
印度红	176,23,31	萝卜黄	237,145,33	橘黄	255,128,0

附录 E 部分习题参考答案

习 题 1

一、单选题

1. C   2. B   3. C   4. B   5. B   6. A   7. A

二、简答题

（略）

三、编程题

1. 程序如下：

```
#include "stdio.h"
int main()
{
    printf("你好! \n");
    return 0;
}
```

2. 程序如下：

```
#include "stdio.h"
int main()
{
    printf("AAAAA\n");
    printf("BBBBB\n");
    printf("12345\n");
    printf("学习 C 语言\n");
    return 0;
}
```

3. 程序如下：

```
#include "stdio.h"
int main()
{
    printf("      *\n");
    printf("     * *\n");
    printf("   * * * *\n");
    printf(" * * * * * *\n");
    return 0;
}
```

习 题 2

一、选择题

1. A　2. B　3. A　4. C　5. D　6. B　7. C　8. C　9. A　10. C　11. C　12. C　13. C
14. A　15. D　16. A　17. D　18. D　19. B　20. B

二、判断题

1. 对　2. 错　3. 对　4. 对　5. 对　6. 错

三、编程题

1. 程序如下：

```c
#include "stdio.h"
int main()
{
    int a;
    printf("输入一个四位正整数: ");
    scanf("%d",&a);
    printf("输出结果: %d,%d,%d,%d\n",a/1000,a/100%10,a%100/10,a%10);
    return 0;
}
```

2. 程序如下：

```c
#include "stdio.h"
int main()
{
    float a,b,c,x;
    printf("输入 a,b,c,x: ");
    scanf("%f,%f,%f,%f",&a,&b,&c,&x);
    printf("输出结果: %f\n",a*x*x*x+b*x*x+c);
    return 0;
}
```

3. 程序如下：

```c
#include "stdio.h"
int main()
{
    int a,b;
    printf("输入 a,b: ");
    scanf("%d,%d",&a,&b);
    printf("%d*%d=%d\n",a,b,a*b);
    printf("%d/%d=%d\n",a,b,a/b);
    printf("%d%%%d=%d\n",a,b,a%b);
    return 0;
}
```

习 题 3

一、选择题

1. C 2. C 3. A 4. A 5. D 6. A

二、编程题

1. 程序如下：

```c
#include "stdio.h"
int main()
{
    float x,y,z;
    printf("输入 x,y: ");
    scanf("%f,%f",&x,&y);
    if (x>=0)
        if (y>0)
            z=(x*x+1)/(x*x+2)*y;
        else
            z=(x-2)/(y*y+1);
    else
        z=x+y;
    printf("z=%f\n",z);
    return 0;
}
```

2. 程序如下：

```c
#include "stdio.h"
int main()
{
    int m;
    printf("输入月份: ");
    scanf("%d",&m);
    switch (m) {
        case 12:
        case 1:
        case 2:
            printf("%d月是冬季",m);
            break;
        case 3:
        case 4:
        case 5:
            printf("%d月是春季",m);
            break;
        case 6:
        case 7:
        case 8:
            printf("%d月是夏季",m);
```

```
            break;
        case 9:
        case 10:
        case 11:
            printf("%d月是秋季",m);
            break;
    }
}
```

3. 程序如下：

```
#include "stdio.h"
int main()
{
    int m;
    printf("今天是星期几(1-7): ");
    scanf("%d",&m);
    switch (m) {
        case 1:
            printf("星期一限尾号 1 和 6");
            break;
        case 2:
            printf("星期二限尾号 2 和 7");
            break;
        case 3:
            printf("星期三限尾号 3 和 8");
            break;
        case 4:
            printf("星期四限尾号 4 和 9");
            break;
        case 5:
            printf("星期五限尾号 5 和 0");
            break;
        case 6:
        case 7:
            printf("周六日不限号");
            break;
    }
}
```

4. 程序如下：

```
#include "stdio.h"
int main()
{
    int n;
    printf("输入数据: ");
    scanf("%d",&n);
    if (n>0)
```

```
        printf("正数\n");
    else
        if (n==0)
            printf("零\n");
        else
            printf("负数\n");
    return 0;
}
```

5. 程序如下：

```
#include "stdio.h"
int main()
{
    int n;
    printf("输入年份: ");
    scanf("%d",&n);
    if (n%400==0 || (n%4==0 && n%100! =0))
        printf("闰年\n");
    else
        printf("非闰年\n");
    return 0;
}
```

习 题 4

一、选择题
1. A   2. B   3. C   4. C   5. D   6. C   7. C   8. B
二、简答题
1. 答：用运算符和括号弧将运算对象(包括常量、变量和函数等)连接起来的、符合 C 语法规则的式子称为 C 表达式。C 语言中，语句就是程序执行的基本单位，以";"结束。

2. 答：在 C 程序的循环中，break 语句是结束当前全部循环，而 continue 仅是结束本轮循环。

3. 答：a＝32，b＝30，c＝32

4. 答：可以，在 for 的第一个参数中设置。例如：for(i=0,a=1,b=2,c=3;i<10;i++)。

5. 答：n＝100

6. 答：s＝7

三、编程题
1. 程序如下：

```
#include "stdio.h"
int main()
{
    float a,b,c,fa,fc;
```

```
    a=-10;
    b=10;
    while (b-a>0.0001)
    {
        c=(a+b)/2;
        printf("x=%.4f\n",c);                //显示每次的中间值
        fa=2*a*a*a-4*a*a+3*a-6;
        fc=2*c*c*c-4*c*c+3*c-6;
        if (fa*fc>0)                          //同侧
            a=c;
        else
            b=c;
    }
    printf("x=%.4f\n",(a+b)/2);               //取最后的中间值
    return 0;
}
```

2. 程序如下：

```
#include "stdio.h"
int main()
{
    int a,b,c,n=0;
    for (a=1;a<=4;a++)
    for (b=1;b<=4;b++)
    for (c=1;c<=4;c++)
    if (a!=b && b!=c && c!=a)
    {
        n++;
        printf("%d%d%d\n",a,b,c);
    }
    printf("总计:%d\n",n);
    return 0;
}
```

3. 程序如下：

```
#include "stdio.h"
int main()
{
    int i,n,s=0;
    for (i=1;i<=10;i++)
    {
        scanf("%d",&n);
        if (n>=0) s+=n;
    }
    printf("所有正数的和: %d\n",s);
    return 0;
}
```

4. 程序如下：

```c
#include "stdio.h"
int main()
{
    int i,j,s=0;
    for (i=1;i<=4;i++)                       //打印上三角
    {
        for (j=4;j>i;j--)
            printf(" ");                     //打印空格
        for (j=1;j<=i*2-1;j++)
            printf("*");                     //打印*
        printf("\n");                        //打印换行
    }
    for (i=3;i>=1;i--)                       //打印下三角
    {
        for (j=4-i;j>=1;j--)
            printf(" ");                     //打印空格
        for (j=i*2-1;j>=1;j--)
            printf("*");                     //打印*
        printf("\n");                        //打印换行
    }
    return 0;
}
```

5. 程序如下：

```c
#include "stdio.h"
int main()
{
    int a,b,c;
    printf("公鸡\t母鸡\t小鸡\n");
    for (a=0;a<=20;a++)
        for (b=0;b<=33;b++)
            for (c=0;c<=100;c++)
                if (a*5+b*3+c/3==100 && a+b+c==100)
                    printf("%d\t%d\t%d\n",a,b,c);
    return 0;
}
```

6. 输出 9×9 乘法表。运行结果如下：

```c
#include "stdio.h"
int main()
{
    int i,j;
    for (i=1;i<=9;i++)
    {
```

```
        for (j=1;j<=9;j++)
            printf("%d×%d=%2d ",i,j,i*j);
        printf("\n");
    }
    return 0;
}
```

习　题　5

一、单选题

1. B　2. A　3. B　4. D　5. D　6. A　7. C　8. A　9. D　10. A

二、编程题

1. 程序如下：

```
#include "stdio.h"
int main()
{
    int i,n;
    printf("输入一个整数：");
    scanf("%d",&i);
    for (n=1;n<=20;n++)
    {
        printf("%d",i+n);
        if (n%5==0)
            printf("\n");
        else
            printf(",");
    }
    return 0;
}
```

2. 程序如下：

```
#include "stdio.h"
int main()
{
    int a[10]={22,20,19,18,12,10,7,5,2},n,i=0,j;
    printf("原有数据：");
    for (j=0;j<=8;j++)
    {
        printf("%d",a[j]);
        if (j==8)printf("\n");
        else printf(",");
    }
    printf("输入一个整数：");
    scanf("%d",&n);
```

```
    while(i<=8)
    {
        if (n>a[i]) break;           //n 比当前值大,结束循环
        i++;                         //n 比当前值小,继续判断
    }
//从 i 开始,原有数据向后移动一个位置
    for (j=9;j>i;j--)
        a[j]=a[j-1];
    a[i]=n;                          //完成插入
    printf("插入结果: ");
    for (i=0;i<=9;i++)
    {
        printf("%d",a[i]);
        if (i==9)
            printf("\n");
        else printf(",");
    }
    return 0;
}
```

3. 程序如下:

```
#include "stdio.h"
int main()
{
    char c[100];
    int a[10]={0},i,n;
    scanf("%s",&c);
    n=strlen(c);
    for (i=0;i<n;i++)
    {
        a[c[i]-48]++;                //将字符转为数字
    }
    for (i=0;i<=9;i++)
        if (a[i]>0)
            printf("%d-%d个\n",i,a[i]);
    return 0;
}
```

4. 程序如下:

```
#include "stdio.h"
int main()
{
//转换规律: 0-25,1-24,3-23,... 12-13,即 25-该字母的序号
//25-(c[i]-97)+97=194+25-c[i]=219-c[i]
    char c[100];
    int i,n;
    printf("输入一行小写字母: ");
```

```
    scanf("%s",&c);
    n=strlen(c);
    printf("加密以后的字符串: ");
    for (i=0;i<n;i++)
    {
        c[i]=219-c[i];
        printf("%c",c[i]);
    }
    return 0;
}
```

5. 程序如下：

```
#include "stdio.h"
int main()
{
    int a[3][3],i,j,max,min;
    printf("输入矩阵数据: \n");
    for (i=0;i<=2;i++)
        for (j=0;j<=2;j++)
            scanf("%d",&a[i][j]);
    max=min=a[0][0];
    for (i=0;i<=2;i++)
        for(j=0;j<=2;j++)
        {
            if (max<a[i][j])
                max=a[i][j];
            if (min>a[i][j])
                min=a[i][j];
        }
    printf("最大值: %d\n",max);
    printf("最小值: %d\n",min);
    return 0;
}
```

习 题 6

一、填空题

1. 4 8

2. 9 11

3.

```
void backmove(char * x, int n, int m)
{   int i,j;
    char w;
    for(j=0;j<m;j++)
    {   w=*(x+n-1);
        for (i=0; i<=n-1 ;i++)
            *(x+n-1-i)=*(x+n-2-i);
```

```
        * x=w ;
    }
}
```

附主程序：

```
void main()
{
    char c[]="abcdefghij";
    int n;
    n=strlen(c);
    backmove(c, n, 3);
    printf("%s\n",c);
}
```

二、单选题
1. C 2. A 3. A 4. A 5. A 6. C 7. B 8. B 9. D 10. C
三、编程题
1. 程序如下：

```
float f61(float f)
{
    return (f-32) * 5/9;
}
void main()
{
    float f;
    printf("输入华氏温度：");
    scanf("%f",&f);
    printf("对应的摄氏温度：%.4f\n",f61(f));
}
```

2. 程序如下：

```
float f62(int n)
{
    int i;
    for (i=2; i<n/2; i++)
        if (n%i==0)
            return 0;          //不是素数
    return 1;                  //是素数
}
void main()
{
    int i;
    for (i=101; i<=999; i+=2)
        if (f62(i))
            printf("%d ",i);
}
```

3. 程序如下：

```c
#include <stdio.h>
int f63(char * str, char substr)
{
    int count =0, i, n;
    n=strlen(str);
    for (i=0; i<n; i++)
        if (str[i]==substr)
            count++;
    return count;
}
int main()
{
    char c[100];
    char substr;
    int result;
    printf("原有字符串: ");
    gets(c);
    printf("输入字符: ");
    scanf("%c", &substr);
    result =f63(c, substr);
    printf("出现次数: %d\n", result);
    return 0;
}
```

4. 程序如下：

```c
#include <stdio.h>
int f64(int Value)
{
    int i=0, v=0;
    while(v<Value)
    {
        i++;
        v+=i*i;
    }
    return i;
}
int main()
{
    int max;
    printf("输入平方和: ");
    scanf("%d", &max);
    printf("最小 n=%d\n", f64(max));
    return 0;
}
```

5. 程序如下：

```c
#include <stdio.h>
```

```c
int f65(char * c, int n)
{
    printf("%c", c[n]);
    if (n==0)
        return 0;
    else
    {
        n--;
        f65(c, n);
    }
}
int main()
{
    char c[5];
    printf("输入 5 个字符: ");
    scanf("%s", &c);
    printf("排序结果: ");
    f65(c, 5);
    return 0;
}
```

6. 程序如下:

```c
#include <stdio.h>
#include <math.h>
void f651(float a, float b, float d)
{
    printf("x1=%.4f,x2=%.4f\n", (-b+sqrt(d))/a/2, (-b-sqrt(d))/a/2);
}
void f652(float a, float b)
{
    printf("x1=x2=%.4f\n", -b/a/2);
}
void f653(float a, float b, float d)
{
    printf("x1=%.4f+%.4fi\n", -b/a/2, sqrt(-d)/a/2);
    printf("x1=%.4f-%.4fi\n", -b/a/2, sqrt(-d)/a/2);
}
int main()
{
    float a, b, c, d;
    printf("输入 a,b,c: ");
    scanf("%f,%f,%f", &a, &b, &c);
    printf("计算结果: ");
    d=b*b-4*a*c;
    printf("%f\n", d);
    if (d>0)                          //判别式大于 0
        f651(a, b, d);
```

```
    else
        if (fabs(d)<0.000001)              //判别式等于 0
            f652(a,b);
        else                               //判别式小于 0
            f653(a,b,d);
    return 0;
}
```

习　题　7

一、单选题

1. A　2. C　3. D　4. B　5. A　6. C　7. B　8. A　9. A　10. A

二、编程题

1. 程序如下：

```
#include <stdio.h>
int main()
{
    char c;
    printf("输入一个字符: ");
    scanf("%c",&c);
    printf("输出结果: %c\n",c<<1);
    return 0;
}
```

2. 程序如下：

```
#include <stdio.h>
int main()
{
    char a,b;
    printf("输入两个字符 a,b: ");
    scanf("%c,%c",&a,&b);
    printf("输出结果: %c\n",a|b);
    return 0;
}
```

3. 程序如下：

```
#include <stdio.h>
int main()
{
    char c=0b01010101;
    char a;
    printf("输入一个字符: ");
    scanf("%c",&a);
```

```
    printf("输出结果: %c\n",a^c);
    return 0;
}
```

4. 程序如下:

```
#include <stdio.h>
int main()
{
    char c=0b01111100;
    char a;
    printf("输入一个字符: ");
    scanf("%c",&a);
    printf("输出结果: %c\n",a&c);
    return 0;
}
```

5. 程序如下:

```
#include <stdio.h>
int main()
{
    int s[100];
    int a;
    int i,n=0;
    printf("输入一个正整数: ");
    scanf("%d",&a);
    while(a)
    {
        s[n]=a%2;
        a=a/2;
        n++;
    }
    printf("输出结果: 0B");
    for (i=n-1;i>=0;i--)
        printf("%d",s[i]);
    return 0;
}
```

习 题 8

一、单选题

1. D   2. A   3. B   4. C   5. A   6. C

二、编程题

1. 程序如下:

```
#include <stdio.h>
int main()
```

```
{
    char * c;
    int n=0;
    printf("输入一个字符串: ");
    gets(c);
    while(1)
    {
        if (c[n]=='\0')break;
        n++;
    }
    printf("输出结果: %d\n",n);
    return 0;
}
```

2. 程序如下:

```
#include <stdio.h>
int main()
{
    int * p;
    int a[3][3],i,j;
    printf("输入矩阵数据: \n");
    for (i=0;i<=2;i++)
        for (j=0;j<=2;j++)
            scanf("%d",&a[i][j]);
    printf("转置结果: \n");
    p=a;
    for (i=0;i<=2;i++)
    {
        for (j=0;j<=2;j++)
            printf("%d ", * (p+i+j * 3));
        printf("\n");
    }
    return 0;
}
```

3. 程序如下:

```
#include <stdio.h>
int main()
{
    int * p,a[10],i,j,t;
    p=a;
    printf("输入 10 个整数(空格隔开): ");
    for (i=1;i<=10;i++)
        scanf("%d",p++);
    printf("排序后结果: ");
    p=a;
    for (i=0;i<9;i++)
```

```
        for (j=i+1;j<=9;j++)
            if (a[i]>a[j])
            { t=a[i];a[i]=a[j];a[j]=t;}
    for (i=0;i<=9;i++)
        printf("%d ",*(p++));
    return 0;
}
```

4. 程序如下：

```
#include <stdio.h>
int main()
{
    char c[40],a[40],b[40],*p,*pa,*pb;
    printf("输入一个字符串: ");
    gets(c);

    p=c;
    pa=a;
    pb=b;
    while(*p!='\0')
    {
        if (*p>='0' && *p<='9')
            *pa++=*p++;
        else
            *pb++=*p++;
    }
    *pa=*pb='\0';
    printf("数组 a: %s\n",a);
    printf("数组 b: %s\n",b);
    return 0;
}
```

习 题 9

一、单选题

1. D 2. B 3. D 4. B

二、编程题

1. 程序如下：

```
#include <stdio.h>
int main()
{
    int a,b,c;
    char ch;
    FILE *fp;
    a=0;
    b=0;
```

```
    c=0;
    fp=fopen("wenjian.txt","r");
    ch=fgetc(fp);
    while(! feof(fp))
    {
        printf("%d\n",ch);
        if ((ch>='a' && ch<='z') || (ch>='A' && ch<='Z'))
            a++;
        else if (ch>='0' && ch<='9')
                b++;
            else if (ch!=10)                        //排除换行符
                c++;
        ch=fgetc(fp);
    }
    fclose(fp);
    printf("字母: %d个\n",a);
    printf("数字: %d个\n",b);
    printf("其他字符: %d个\n",c);
    return 0;
}
```

2. 程序如下:

```
#include <stdio.h>
int main()
{
    FILE * fp;
    int x;
    fp=fopen("shuju.txt","w");
    printf("输入若干整数: ");
    while(scanf("%d",&x),x!=-1)
    {
        fprintf(fp,"%d,",x);
    }
    fclose(fp);
    printf("运行结束。");
    return 0;
}
```

3. 程序如下:

```
#include <stdio.h>
int main()
{
    FILE * fp;
    int x,sum=0;
```

```
        fp=fopen("shujuA.txt","r+");
        fscanf(fp,"%d",&x);
        while(! feof(fp))
        {
//          printf("%d\n",x);
            sum+=x;
            fscanf(fp,"%d",&x);
        }
//   printf("sum=%d\n",sum);
        fprintf(fp,"\n%d",sum);
        fclose(fp);
        printf("运行结束。");
        return 0;
}
```

习　题　10

1. 程序如下：

```
#include <graphics.h>
int Ht(int x,int y,int w,int h,int c,int b)
{
    setfillstyle(SOLID_FILL, c);
    if (b==1)                                          //填充
        bar(x, y, x+w, y+h);
    else
        rectangle(x, y, x+w, y+h);
    return 0;
}
int main()
{
    int i,j,r=50;
    initgraph(600, 600);
    setbkcolor(WHITE);
    setcolor(BLACK);
    for (i=0;i<=7;i++)
        for (j=0;j<=7;j++)
            Ht(100+j*r,500-i*r,r,-r,BLACK,(i+j)%2);
    getch();
    closegraph();
    return 0;
}
```

2. 程序如下：

```
#include <graphics.h>
int main()
{
    int i,j,r=50;
```

```
    initgraph(600, 400);
    setbkcolor(WHITE);
    setfillstyle(SOLID_FILL, RED);
    fillellipse(200, 200, 100,100);                //绘制两端半圆
    fillellipse(400, 200, 100,100);
    setfillstyle(SOLID_FILL, GREEN);
    bar(200, 100, 400, 300);                       //绘制操场
    getch();
    closegraph();
    return 0;
}
```

3. 程序如下：

```
#include <graphics.h>
int main()
{
    int i,j,r=20;
    int x0=100,y0=100;
    initgraph(600, 600);
    setbkcolor(WHITE);
    for (i=0;i<10;i++)
    for (j=0;j<10;j++)
    {
        if ((i+j)%2==0)
            setfillstyle(SOLID_FILL, RED);
        else
            setfillstyle(SOLID_FILL, GREEN);
        fillellipse(x0+i*r*2, y0+j*r*2, r,r);

    }
    getch();
    closegraph();
    return 0;
}
```

4. 程序如下：

```
#include <graphics.h>
#include <math.h>
#define Pi 3.14159
void Polar(int x1, int y1, int a, int L,int *x2, int *y2)
{
    * x2=(int)(x1+L*cos(Pi*a/180)+0.5);
    * y2=(int)(y1-L*sin(Pi*a/180)+0.5);
}
int main()
{
    int points1[10]={200,350};
```

```c
    int x1,y1,x2,y2,i;
    int a=60,L=100;
    L=200;
    initgraph(400,400);
    setfillcolor(GREEN);
    setbkcolor(WHITE);
    Polar(points1[0],points1[1],90-a/2,L,&points1[2], &points1[3]);
    Polar(points1[2],points1[3],90+a/2,L,&points1[4], &points1[5]);
    Polar(points1[0],points1[1],90+a/2,L,&points1[6], &points1[7]);
    points1[8]=points1[0];
    points1[9]=points1[1];
    drawpoly(5,points1);            //封闭
    fillpoly(5,points1);            //填充
    getch();
    closegraph();
    return 0;
}
```